Edmund Naumann

Über den Bau und die Entstehung der Japanischen Inseln

Verlag
der
Wissenschaften

Edmund Naumann

Über den Bau und die Entstehung der Japanischen Inseln

ISBN/EAN: 9783957002389

Auflage: 1

Erscheinungsjahr: 2014

Erscheinungsort: Norderstedt, Deutschland

Hergestellt in Europa, USA, Kanada, Australien, Japan
Verlag der Wissenschaften in Hansebooks GmbH, Norderstedt

Cover: Foto ©Mariocopa / pixelio.de

Ueber
den Bau und die Entstehung
der
japanischen Inseln.

Begleitworte

zu den von der geologischen Aufnahme von Japan für den internationalen Geologen-Congress in Berlin bearbeiteten topographischen und geologischen Karten.

Von

Dr. Edmund Naumann,

z. Z. Direktor der geologischen Aufnahme von Japan.

Berlin

R. Friedländer & Sohn

1885.

Einen stolzen Titel — Herrscher der zehn Tausend Inseln — führt der Regent des erst jüngst dem Weltverkehr erschlossenen kleinen Königreichs Korea. Nicht minder reich an Inseln, wie auch an Buchten und Wasserstrassen ist das Nachbarland Japan. Seine Geographen und Literaten vergessen nicht, es uns ans Herz zu legen, dass die meerumspülten Eilande ihres Vaterlandes nach Tausenden zählen. Japan aber ist nur ein Glied in der langen Kette bogenförmiger Inselreihen, die — von der Südspitze Kamtschatka's ausgehend und den Continentalrand in graziösen, sich regelmässig wiederholenden Biegungen begleitend — hinunterführt in das Labyrinth des malayischen Archipels. Eine ganze Welt von Inseln taucht besonders aus dem südlichen Theile des Weltmeeres auf.

Durch die Häufigkeit grosser Einbuchtungen gegen das Festland und durch den Reichthum an Inseln treten die asiatisch-australischen Gebiete des grossen Oceans in einen höchst bemerkenswerthen Gegensatz zu der grossen Wasserwüste, die östlich einer S förmig geschwungenen, das genannte Inselreich Ostasiens und Australiens begrenzenden Linie liegt. Auf der amerikanischen Seite zeigt sich ein stetiger Verlauf der Küste, die von einem grossartigen lang, lang hinziehenden Kettengebirge begleitet wird, und es sind nur vereinzelte in sich abgeschlossene Inselgruppen verhältnissmässig enger Begrenzung, die auf dieser Seite die Meeresfläche überragen.

Eine der grossen Errungenschaften neuerer Tiefseeforschung ist die Entdeckung, dass sich das pacifische Weltmeer auf der Westseite seiner nördlichen Hälfte durch ungeheuere Tiefen auszeichnet, die aller Wahrscheinlichkeit nach die bedeutendsten Einsenkungen der Erdoberfläche darstellen. Im Osten des Nordflügels der Hauptinsel des japanischen Reiches, die Honshiu genannt wird, zieht, wie die Lothungen der Tuscarora zeigen, eine langgestreckte Einsenkung bis an das nordöstliche Ende der Kurilenkette hinauf. Ihre grösste Tiefe beträgt nicht weniger als 8500 met. Zu 8360 met. wurde der tiefste Theil der zwischen den Carolinen und Mariannen gelegenen Challengertiefe bestimmt.

Da die Höhe des bedeutendsten Berges der japanischen Inseln, des Fujisan, 3787 met. beträgt, so ist die grösste Niveaudifferenz für das Gebiet des japanischen Archipels auf 12147 met. anzugeben, während die grösste Niveaudifferenz auf der Erde überhaupt 17340 met. beträgt (den Mount Everest zu 8840 met. angenommen). Für einen so eng begrenzten Theil der Erdoberfläche, wie die Gegend des Fujisan und der benachbarte tiefste Theil der Tuscaroratiefe zusammengenommen, ist wohl die erwähnte Niveaudifferenz die bedeutendste überhaupt. Auf der gegenüberliegenden Seite des Weltmeeres allerdings und zwar im Südosten steigt die Oberfläche des Festen von dem über 2000 Faden tiefen Meeresgrunde bis zu dem 7566 met. hohen Sorata, dem höchsten Gipfel der südamerikanischen Cordillere, empor, so dass hier eine von der oben genannten nicht beträchtlich verschiedene Niveaudifferenz, im Betrage von über 11200 met., vorliegt, die gleichfalls für einen im Verhältniss geringen Raum Geltung hat. Die Uebereinstimmung dieser Niveauunterschiede auf den zwei sich gegenüberliegenden Seiten des grossen Weltmeeres gehört vielleicht zur langen Reihe der geheimnissvollen Erscheinungen, deren Zusammenhang mit der Entwicklungsgeschichte der Erde wir wohl zu ahnen aber, wenigstens vor der Hand, nicht zu beweisen vermögen.

Die Bodengestaltung der Oceane, als der geologischen Beobachtung nicht zugänglicher Theile der Erdoberfläche, hat ohne Frage die allergrösste Bedeutung für die allgemeineren sich der Entstehung und Geschichte der Erdveste zuwendenden Fragen. Es dürfte somit unumgänglich erscheinen, den Formgesetzen, nicht nur, wie sie sich in der Entwicklung der über das Meeresniveau hervorragenden Theile Japans offenbaren, sondern auch, wie sie sich in der Art des Hervorsteigens aus tiefem Meere kund geben, einige kurze Bemerkungen zu widmen.

Legen wir ein Profil durch den nördlichen, pacifischen Ocean, das etwa von Vancouverisland ausgehend die Tuscaroratiefe in der Richtung ihrer grössten Ausdehnung, dann die japanische Hauptinsel (Honshiu) in der Gegend des Kitakamiberglandes durchschneidet, das durch das japanische Meer geht und am Cap Duroch (Korea) abschliesst, so bemerken wir Folgendes: Der Meeresboden senkt sich zunächst von der Küste aus bis zur 1000 Faden-Linie unter einem durchschnittlichen Winkel von ungefähr 1° 52′; die Sehne des zwischen dem 1000 und dem 2000 Faden-Niveau gelegenen, unserem Profil angehörigen Bogens hat ca. 30′ Neigung und es nimmt die bereits hier eingetretene Verflachung derart zu, dass wir weiterhin bis zu der grössten Tiefe des Tuscarorabeckens (8500 met.) einen Winkel von nur 7′ ca. zu verzeichnen haben. Nun folgt eine Böschung von 2° 43′, die hinaufführt zu dem sich bis zu einer Tiefe von etwa 150 met. unter das Meeresniveau senkenden in einer Breite von 20—60 naut. Meilen an der Ostseite des nördlichen Flügels der Hauptinsel hinziehenden Submarinen - Plateau, und wir treten in festes Land ein.

Das Profil berührt unscheinbare Reste von Tertiärablagerungen, die hier auf die niedern Küstengegenden beschränkt auftreten, und durchschneidet nunmehr das aus stark gefalteten Schichten palaeozoischer und noch älterer Systeme, sowie aus Durchbrechungen von Granit und Dioritgesteinen aufgebaute von tief eingeschnittenen Thälern durchfurchte, flache Plateaugebirge, das ich mit dem Namen des Kitakamiberglandes bezeichnet habe. Weiterhin liefert uns das Profil einen Querschnitt durch die lang von Nord nach Süd ziehende, das Kitakamibergland westlich begrenzende Depression, in deren, einer neueren Zeit angehörigen Ausfüllungen, sich der Kitakamigawa sein geräumiges Bett eingeschnitten hat; es führt uns über eine mit hohen Vulkangipfeln bespickte Kette verwickelten Baues und dann durch einen Einbruchkessel durch, aus dem ein Vulkan hervorgewachsen ist, nach der Küste des japanischen Meeres.

Die Petermann'sche Tiefenkarte des grossen Oceans, die sonst ein wunderbar anschauliches Bild der Bodenconfiguration des grossen Weltmeeres gewährt, giebt über das japanische Meer eine unzureichende Vorstellung. Drüben senkt sich, wie ältere Seekarten zeigen, der Meeresboden nicht weit Ost von dem Cap Kogakof in Korea bis zu einer Tiefe von 2690 met., und es haben die neuerdings ausgeführten Lothungen S. M. S. „Louise" für den mittleren Theil des japanischen Meeres eine Tiefe von über 3000 met. ergeben, während die Petermann'sche Karte das genannte Wasserbecken als flache Depression hinstellt, deren Tiefen zwischen 0—1000 Faden liegen. — Aber noch bedeutendere Tiefen finden sich drüben bei Korea, südlich vom Cap Kogakof. Die „Store Nordiske" der Great Northern Telegraph Company bestimmte die Tiefe unter 40° 05′ n. B. und 130° 14′ ö. L. zu 3200 met.

In der Nähe der koreanischen Küste zeigt der Meeresboden stellenweise ein sehr steiles Ansteigen. Beim Cap Duroch z. B. beträgt der Böschungswinkel nicht weniger als 11°.

Es erscheint in hohem Grade der Beachtung werth, dass sich die grossen Tiefen des japanischen Meeres ebensowohl auf der westlichen Seite des Wasserbeckens zeigen, wie die grossen Tiefen des freien Oceans nahe dem japanischen Inselbogen und den Kurilen auftreten. In beiden Fällen macht sich auch ein im

Verhältniss steiler Anstieg des Meeresbodens nach der Küste bemerkbar.

Wir waren bei der Führung unseres Profiles an der Westküste von Honshiu angelangt. Führen wir es weiter durch das japanische Meer, so erreichen wir erst in einiger Entfernung die 100 Faden Linie. Die Contour setzt dann mit sanfter Neigung fort, führt ganz allmählig in den an die 3000 met. tiefen centralen Theil hinunter und verläuft dann wahrscheinlich nahezu horizontal, bis sie, an der Uferböschung angelangt, hinaufführt zur Küste von Korea.

Von sehr beträchtlicher Tiefe (4900 met.) ist derjenige Meerestheil, der sich zwischen der Inselkette, die von dem feuerspeienden Vries oder Ooshima hinabzieht, nach den Bonininseln einerseits und den Liukiuinseln anderseits ausdehnt. Dabei sind die Böschungen am Rande dieses Beckens gegen Kiushiu wie gegen Shikoku und Kii hin (südlich von Ooshima, Kii berechnet sich die Böschung zu 3° 18') relativ steile. Verhältnisse besonderer Art zeigt der nordöstliche Theil dieses Beckens.

Einer auffallenden Erscheinung begegnet man in dem Meer von Sagami. Es findet sich hier eine V förmige Einsenkung mit 1417 met. Tiefe. Rings um diese Einsenkung, deren tiefste, im Scheitel des V gelegene Stelle ungefähr in der Mitte zwischen Sagamimisaki und Ooshima, also excentrisch zu dem ziemlich regelmässig kreisförmigen Küstenbogen von Sagami liegt, betragen die Tiefen 35—70 Faden; der untere Theil des Uragakanals, 579 met. tief, bildet den einen Schenkel der Depression, der andere Schenkel ragt tief in die Odawarabai hinein und weist im obern Theil eine Tiefe von 681 met. auf.

Es erscheint der besondern Aufmerksamkeit werth, dass gerade in der Gegend, wo sich das Shichitogebirge mit der Masse von Honshiu verbindet, die ungewöhnlichsten, auffälligsten Complicationen in der Gestaltung des Meeresgrundes hervortreten. —

Westlich vom südlichen Kiushiu jedoch beginnt eine eigenthümliche Depression sehr unregelmässiger Begrenzung, die Tiefen von 1000 met. zeigt.

Das sich zwischen Shikoku und Chiugoku hinziehende inselreiche Binnenmeer ist viel seichter als die den japanischen Inselbogen umgebenden der Küste benachbarten Meerestheile. In den extremen Fällen liegt der Wasserspiegel nicht mehr als 30 Faden über dem Meeresgrunde.

Die Betrachtung so ausserordentlicher Niveaudifferenzen, wie der 8500 met. Tiefe des Tuscarorabeckens führt leicht zu der irrigen Vorstellung einer grösseren Steilheit der Uferböschungen, als sie der Meeresboden überhaupt aufweist. Auch auf festem Lande findet man sich nur zu leicht in der Versuchung die von der Natur eingehaltenen Masse zu überschätzen. Die über dem Spiegel des Meeres gelegenen Theile der Erdoberfläche zeigen allerdings in Verbindung mit einem viel schnelleren Wechsel der Form bedeutend steilere Flächen, als der Meeresgrund, doch erscheinen diese steilen Flächen eben nur auf ausserordentlich geringer Ausdehnung hin und gehen schnell in anders geneigte Flächen über. Aus diesem Grunde sind sie denn von keiner so grossen Bedeutung für die allgemeine Configuration der Erdoberfläche, als man anzunehmen geneigt sein könnte.

Berg und Thal sind durch Dislocation, Verwitterung und Erosion und durch vulkanische Ergüsse und Aufschüttungen entstanden. Ein Bild der orographischen Gestaltung der japanischen Inseln würde unter Hinweglassung aller Vulkanberge bereits einen ganz bedeutend vereinfachten Eindruck gewähren. Geht man noch weiter und lässt auch die schroffen Erosionsformen ausser Betracht, so erscheinen die grossen Massen unter viel sanfterer allgemeiner Gestalt, als wir sie in unserer Vorstellung einbürgern möchten. Die festländischen Aufragungen erscheinen thatsächlich, und davon wird hoffentlich die der hochverehrten Versammlung unterbreitete oroplastische Karte von Japan ein hinreichend anschauliches Bild geben, als deformirte Runzeln, die im Vergleich zu den grossartigen Wellen der Erdoberfläche fast verschwindend erscheinen, denen in ihren höchsten Theilen, wie auch in vielen Thaleinschnitten bedeutend steilere Böschungen zukommen, als sie der Meeresgrund irgendwo zeigt, die aber doch zu jenen grossen Formen in einer sehr innigen Beziehung zu stehen scheinen. —

Wir haben gesehen, dass sich die grossen Tiefen des Meeres der Aussenseite des japanischen Inselbogens anschmiegen. Diese Thatsache nöthigt uns, der Frage näher zu treten, ob die japanischen Gebirge vielleicht ein Hindrängen der Massen nach der Seite der grössten Tiefen bekunden. Im Allgemeinen ist diese Frage, wie überhaupt das Bestehen irgendwelcher durchgreifender Beziehung in der Vertheilung der Massen zu der Aussen- oder Innenseite zu verneinen, und es wird uns hiermit bereits ein Hinweis auf den complicirten Bau des ganzen Gebirges an die Hand gegeben. —

Dort allerdings, wo die Verhältnisse regelmässiger sind, wo das Werk früherer Zeitalter in den Kämpfen späterer Perioden keine so eingreifenden Störungen zu erleiden hatte, dort finden wir, wie es scheint, das vermuthete Gesetz ausgeprägt. Auf der Kiuhalbinsel ganz besonders, auch in Shikoku begegnen wir viel grösseren Massenanhäufungen, als in der Umgebung des Biwasees und in Chiugoku. Von einem steileren Abfall nach der Seite des Oceans hin kann aber, was diesen Theil des Landes betrifft, ebensowenig die Rede sein, als irgendwo anders. —

Für die in langer Kette sich an den Kontinent anheftenden Inselbogen, die von Alaska bis hinab in den malayischen Archipel führen, scheint sich der bezeichnende Ausdruck Inselguirlanden einbürgern zu wollen. Grosse Gebirge, mehr oder weniger vom Meer verhüllt, reihen sich aneinander und immer wieder finden wir von einem zum andern gehend dieselben äusseren Beziehungen, dieselben Beziehungen zum Continente. Diese Wiederholung, die schon oft und seit verhältnissmässig alter Zeit den Gegenstand zu Reflexionen abgegeben hat, legt uns einen Fall der geographischen Homologien nahe, jener Räthsel, jener Geheimnisse, deren Enthüllung geographisch-geologischer Forschung vorbehalten bleibt.

Ist es erlaubt aus der gleichen äusseren Gestaltung auf die Gleichheit des inneren Baues zu schliessen und eine der vielen Lücken des Wissens auf diese Weise vorläufig und zum Theil wenigstens zu beseitigen? Zwar ist die Ueberzeugung, dass sich gewisse generelle Gesetze des inneren Baues in den verschiedenen Bogenabschnitten des grossen Inselzuges wiederholen, durchaus nicht jeder Berechtigung bar; wie aber die äussere Uebereinstimmung nur bis zu einem gewissen Grade reicht, wie sich dieselbe nur auf allgemeine Form und den allgemeinen Verlauf, nicht aber auf die specielle Gliederung erstreckt, so stehen auch bedeutungsvolle Abweichungen zu erwarten, die den inneren Bau betreffen. Wir werden später sehen, dass in einem Theile der japanischen Inseln ganz andere Richtungen, als die durch den bogenförmigen Verlauf vorgezeichneten, die herrschenden sind.

Es wird eine schöne Aufgabe künftiger Forschung sein, einen Vergleich des geologischen Baues der verschiedenen Inselguirlanden durchzuführen, das absolut Gleichartige von dem absolut Ungleichartigen zu sondern und so gewisse allgemeine Gesetze zu entdecken, die weit, weit zurückführen in die Entwicklungsgeschichte der Erde. Wenn ich mich für nicht berechtigt halte, an dieser Stelle Hand an den Schleier zu legen, der noch jetzt über die Geschichte der Entstehung des genannten ostasiatischen Inselgürtels ausgebreitet liegt, so liefert eine Betrachtung des Baues der japanischen Inselwelt den Gewinn wenigstens einer Lehre allgemeiner Bedeutung. Nicht von vulkanischem Grundgerüste werden die zahlreichen Inseln getragen, die Vulkane ruhen vielmehr auf sehr alten Fundamenten. Wenn man die Vulkane mit Perlen vergleicht und die Inselreihen mit Blumenguirlanden, so sind die Vulkane nicht mehr, als den Blumengnirlanden eingestreute Perlen. Perchel dachte sich als erste Bedingung zur Entstehung der Kette hoher, weit ab vom Festland gelegener Inseln, die Bildung von Klüften, die er mit Lippen verglich, denen von Zeit zu Zeit heissflüssige Massen entströmen. Nach ihm giebt es, Neucaledonien und die Seychellen ausgenommen, keine in die Luft ragenden Spitzen unvulkanischer Seegebirge. Genügt der Hinweis nicht, dass die Vulkane auf den japanischen Inseln eine äusserst untergeordnete Rolle spielen, so möge noch hervorgehoben werden, dass in der Liukiureihe alte Gesteine in der That vorkommen und dass sie hier selbst über dem Wasser eine keineswegs unbedeutende Verbreitung zu haben scheinen. Für das hohe Alter des Shichitogebirges liefert die Geschichte der Bewegungserscheinungen in der Bruchregion der japanischen Inseln einen gewissen Beweis. An die vulkanischen Galapagosinseln mit ihrer fremdartigen Fauna möge erinnert werden und an die aus alten krystallinischen Gesteinen aufgebauten Inseln der Marquesasgruppe, welche letztere doch einen der alleräussersten Vorposten der polynesischen Welt darstellen. Auf Kamtschatka, Formosa und auf den Philippinen kommen Gesteine sehr alter Formationen zum Vorschein. Warum sollten übrigens Versenkungen grosser Gebirge nicht stattgefunden haben? Selbst in Japan sind Beweise dafür, dass die grossen Wellen welche die Erdoberfläche beschreibt nichts Starres sind, sondern dass sie gewissermassen fortrollen, zahlreich vorhanden. Die schroffen Formen der Erosion gehen freilich bei der Versenkung zu Grunde, die Form selbst verflacht und vereinfacht sich, aber sie besteht. Auch im Meere sind Vulkane Attribute grosser Gebirge und es wird eine Zeit kommen, wo die auf den grossen submarinen Rücken schmarotzenden Feuerberge von den Geologen über die Zusammensetzung des Fundamentes befragt werden. Es wird ein mühsames Suchen sein, aber doch wird es nicht unbelohnt bleiben, doch werden sich ausgeworfene Fragmente finden, die den erwünschten Anhalt zur Beurtheilung des Unterbaues liefern. —

Die geologische Karte von Japan, welche der Verfasser dieser Zeilen in seiner derzeitigen Funktion als Direktor der geologischen Aufnahme von Japan das Vergnügen hat, der hochverehrten Versammlung des internationalen Geologencongresses mit der Bitte um Nachsicht mit den Unvollkommenheiten der Arbeit zu unterbreiten, ist aus einer vorläufigen Zusammenarbeitung der während der letzten 4 Jahre von den Geologen der Aufnahme, den Herren J. Kochibe,

D. Yamashita, J. Ban, S. Nishiyama, M. Yokoyama, A. Yamada, K. Nakashima, S. Harada, J. Suzuki, und Verfasser ausgeführten Aufnahmen hervorgegangen. Auch sind darin die Resultate einiger früheren Reisen niedergelegt, die ich während der ersten 4 Jahre meines Aufenthaltes in Japan, als ich am Tokio-Daigakku die Fächer Mineralogie, Geologie und Paläontologie vertrat, in den Ferienmonaten ausgeführt habe. Meine Rückkehr von der letzten, das südliche Japan umfassenden, Reise erfolgte erst im Februar dieses Jahres, so dass ich gewünscht hätte, für die Vorbereitung der dem hochverehrten Congress zugedachten Karten und sonstigen Arbeiten über eine längere Zeit verfügen zu können, als sie mir bis jetzt zu Gebote gestanden hat. Der Detailverlauf der Grenzen ist nicht überall mit genügender Sicherheit festgestellt, doch glaube ich mich der Ueberzeugung hingeben zu dürfen, dass die gebotenen Darstellungen das vollste Vertrauen verdienen, soweit sie sich auf die generellen Verhältnisse beziehen und es war nicht mehr als eine Uebersicht, die bei Inhandnahme der für den Congress bestimmten Arbeiten beabsichtigt wurde. Die Trennung der Gruppen in Systeme in den Karten wird, die Känozoischen Bildungen ausgenommen, auch in weiterer Zukunft nicht so leicht gelingen. Man begegnet überall mächtigen, stark gepressten Complexen, die sich wahrscheinlich grossentheils eben in Folge der gewaltigen Pressungen, Quetschungen und sonstigen Dislocationsvorgänge durch eine bedauerliche Armuth an Versteinerungen auszeichnen. Nichts destoweniger kann hier das höchst erfreuliche Resultat verzeichnet werden, dass es gelungen ist, das Vorkommen von Trias-, Jura- und Kreidebildungen durch wohlcharacterisirte Versteinerungen in verschiedenen Theilen des Landes nachzuweisen. Herr Prof. Nathorst ist so freundlich gewesen, mir die Resultate seiner neuern Untersuchungen der ihm von der geologischen Aufnahme übermittelten Tertiärpflanzen mitzutheilen, und es haben diese Untersuchungen zur Erkennung weit verbreiteter Miocänablagerungen geführt. Ganz neuerdings ist das Vorkommen von Radiolarien in palaeozoischen Schiefern entdeckt worden und damit ist die Aufmerksamkeit auf die besondere Bedeutung der microscopischen Untersuchung alter Sedimentärgesteine Japans gelenkt worden, deren Resultate hoffentlich die jetzt für eine erfolgreiche Gliederung des Gewirres alter Formationen noch fehlenden Anhaltspunkte gewähren werden. Die erwähnten sich auf die Stratigraphie beziehenden Thatsachen werden noch weiter unten einer speciellern Besprechung zu unterziehen sein.

Um der gestellten Aufgabe einer übersichtlichen und klaren Darstellung des „Baues und der Entstehung der japanischen Inseln" einigermassen gerecht werden zu können, sollen in einem ersten Abschnitte die am Aufbaue der Inseln theilnehmenden Systeme, in einem zweiten Abschnitte die Eruptivgesteine einer Behandlung unterzogen werden. In einem dritten Abschnitte soll der allgemeine Bau und die Gliederung eine Besprechung finden, und in einem letzten Abschnitte werde ich den Versuch wagen, an der Hand der bis jetzt gesammelten Erfahrungen ein Bild der Entstehungsgeschichte der japanischen Inseln, ihren allgemeinsten Umrissen nach, vorzuführen.

I. Abschnitt.
Die am Aufbau des Landes theilnehmenden Systeme.

1. Urgneiss.

Wie überall, so zeigt sich auch in Japan Gneiss als ältestes Glied der langen Folge von Systemen. Er tritt allerdings an nur wenigen Punkten zu Tage und ist, wo er auftritt, von nur beschränkter Verbreitung an der Oberfläche. Mit Sicherheit sind diese ältesten Gebilde nur in zwei weitauseinanderliegenden Gebieten nachgewiesen: auf der Sonokihalbinsel, nördlich von Nagasaki und auf der Ostseite des oberen Tenriugawa. Auf der Sonokihalbinsel bildet er ein flaches ellipsoidisches Gewölbe, dessen längste Achse in die Nord-Südrichtung fällt. Die Gneisse sind hier grobflaserig. Glimmerschiefer treten auf, sind aber ganz untergeordnet. Die Höhe bis zu welcher der Gneiss auf der Sonokihalbinsel aufsteigt, ist unbedeutend, sie beträgt nur gegen 600 met. Eine Ueberlagerung durch andere alte Sedimentbildungen ist hier nicht beobachtet worden. Die Gneisse des Tenriugawabeckens anlangend, so zeigen diese die Parallelstructur nicht immer in so vollkommener Weise wie der Sonokigneiss, neigen vielmehr dazu, Uebergänge in Granit zu bilden. Das Streichen der Schichten ist hier N.N.O. bis N.O., das Einfallen westlich. Auf der Westseite werden die Gneisse von den Geröllmassen der Thalterrassen überlagert, auf der Ostseite schneiden sie gegen eine grosse Verwerfungskluft plötzlich ab.

Die grössten Massen des Urgneisses sind ohne Zweifel unter der Hülle späterer Bildungen verborgen, und wir haben uns alle später gebildeten Sedimentmassen als auf solcher Basis ruhend vorzustellen.

2. Krystallinische Schiefer.

Weit verbreiteter als der Urgneiss sind die Krystallinischen Schiefer. Das System besteht aus grossen Massen von Glimmerschiefer, Talkschiefer, Chloritschiefer u. s. w.; auch treten Marmor und Serpentin auf. Zwei interessante Gesteine dieses Systems verdienen besondere Erwähnung, es sind dies: 1. Ein echter durch charakteristische rothe Färbung kenntlicher Turmalinschiefer, der unter dem Mikroskop schöngefärbte stark dichroitische langgestreckte Krystalle zeigt, die, beiläufig bemerkt, durch übermässige Streckung des Gesteines häufig auseinandergerissen erscheinen. 2. Ein Olivinschiefer. Die beiden Schieferarten haben eine mehr als locale Bedeutung, sie treten an ganz verschiedenen Punkten auf. So kommt der Turmalinschiefer bei Beshi vor, weiter tritt er im Dosangawathale, bei Tokushima, in der Nähe von Wakayama und an der Grenze des alten Berglandes von Quanto gegen die Ebene auf. Die Olivinschiefer erscheinen sowohl in den Krystallinischen Schiefern der Gegend von Beshi wie auch in Hitachi. Wahrscheinlich sind die alten Serpentinlager, die in den Krystallinischen Schiefern fast nirgends fehlen, aus solchen Olivinschiefern hervorgegangen. — An sonstigen interessanten Vorkommnissen würden Eklogitschiefer, die ich unter den Geröllen des Dosangawa (Shikoku) antraf, zu erwähnen sein; auch sind die Chiastolithgneisse der Umgegend des Tsukubasan, Prov Hitachi, von Interesse.

Das System der Krystallinischen Schiefer nimmt einen sehr wichtigen Antheil am Aufbau der Inseln und tritt fast immer in Form regelmässig auf lange Erstreckung hinziehender mehr oder weniger schmaler Streifen an die Oberfläche. So zieht ein dem System angehörender Streifen durch das nördliche Shikoku; er findet seine Fortsetzung im nördlichen Theile der Kiihalbinsel. In diesen beiden Abschnitten bezeichnet der Streifen die grösste Ausdehnung der Insel, resp. der Halbinsel; er bildet Vorsprünge gegen die See und man gewinnt den Eindruck, als hätte er dem Ankämpfen zerstörender Kräfte weit besser Stand zu halten vermocht, als die paläozoischen Gebilde, die ihn auf der Südseite begleiten. Von den paläozoischen Ablagerungen ist das System der Krystallinischen Schiefer gewöhnlich durch grosse Verwerfungsklüfte, die ausgedehnte longitudinale Abbrüche bezeichnen, geschieden. —

Was die Stellung der Schichten betrifft, so halten sich die Streichrichtungen im Allgemeinen an die Krümmung des Inselbogens. Im südlichen Japan verräth das Vorherrschen einer grossen Richtung die Gesetze des inneren Baues. In der Richtung O. 20 N. zieht Chiugoku hin, auch das Binnenmeer streckt sich nach einer in gleichem Sinne orientirten Linie und das Streichen der Kryst. Schiefer sowohl, wie das der paläozoischen Schichten ist der angegebenen Richtung parallel. Sehr regelmässig ist das

Streichen der Schichten in der Tsukubagegend; es beträgt hier etwa N. 45 O. Das Einfallen der Krystallinischen Schiefer erfolgt im Allgemeinen nach der Innenseite zu. Auf der Kiihalbinsel bilden die Krystallinischen Schiefer im nördlichen Theile einen gegen O. vorspringenden bei Futamigawa sein Ende erreichenden Flügel. Innerhalb dieses Flügels stehen die Schichten auf dem Kopf. Stellenweise machen sich sehr bedeutende Abweichungen von der allgemeinen Streichrichtung bemerkbar. So begegnet man auf dem Wege von Saijo nach den Kupfergruben von Beshi ganz gewaltigen Stauchungen, Knickungen und Verdrehungen der Schichten, die zusammen mit den nordwestlichen Streichrichtungen dieser Gegend auf eine Reihe ganz gewaltiger Störungen hinweisen. Auch in dem Streifen Krystallinischer Schiefer, der das alte Bergland von Quanto zur Hälfte umsäumt, sind die Falten windschief verdrückt.

Die aus Gesteinen des besprochenen Systems aufgebauten Erhebungen steigen im südlichen Japan, auf Kiushiu, auf Shikoku und der Kishiuhalbinsel zu beträchtlichen Höhen an, in den übrigen Theilen des Landes halten sich diese alten Gebilde an tiefere Niveaus. Die Höhe des Sasaminotoge zwischen Iyo und Tosa, den ich im vorigen Jahre selbst überschritt und der in seinem oberen Theile aus Glimmerschiefern aufgebaut ist, beträgt 1100 met. Den Akaboshi, gleichfalls im vorigen Jahre von mir gemessen, gleichfalls aus Glimmerschiefern bestehend, bestimmte ich zu nicht weniger als 1600 met. Gipfel, wie der Ishidzutsusan in Iyo mit 2355 met., der Tsurugiyama in Awa, Shikoku mit 2242 met., der Shosanji mit 1080 met., fallen sämmtlich in das Gebiet der Krystallinischen Schiefer. Auch der Ominesanjo in Yamato scheint aus derartigen Materialien zusammengesetzt zu sein. Die Höhe dieses letzt genannten Berges beträgt 1887 met.

Die Oberflächenformen anlangend, unter welchen das besprochene System auftritt, so sind es in Shikoku wo die äusseren Formerscheinungen der einschlägigen Gebilde am besten beobachtet werden können, grosse, runde, tief gefurchte, mehr oder weniger breitrückige Massen. Steil und felsig erscheinen die Thalwände, zwischen denen die wilden Wasser einem steilen Gefälle und einem stark geschlängelten Laufe folgend der Tiefe zubrausen. Wo der Yoshinogawa den Streifen Krystallinischer Schiefer in der Mitte von Shikoku quer durchbricht, dort stürzt der Fluss bald mit lautem Getöse über reissende Stromschnellen, bald sammelt er sich in felsumrahmten Grotten schwer zu ergründender Tiefe zu kurzer Rast. — Vereinzelt tauchen spitze Pyramiden aus dem Berglande auf, so besonders der haifischzahnartig über seine Umgebung emporragende Shosanjiyama. Er besteht aus einem sehr quarzreichen und glimmerarmen Schiefer, einem Quarzitschiefer, der etwas Turmalin enthält.

3. Die palaeozoischen Systeme.

In der japanischen Inselguirlande haben sich wiederholt grossartige longitudinale Abbrüche ereignet; wiederholt haben die Meereswogen die aus dieser Zertrümmerung hervorgegangenen Ruinen dem Meeresboden gleich gemacht. Es hält in Folge dessen schwer die relativen Lagerungsverhältnisse der verschiedenen Systeme durch direkte Beobachtung festzustellen und es kann keinem Zweifel unterliegen, dass gute Aufschlüsse der Ueberlagerungen nichts weniger als zahlreich sind. Wenn man nun noch bedenkt, dass wir es mit einem riesigen stark gefalteten und zertheilten Schichtencomplexe zu thun haben, dessen Mächtigkeit auf über 10 000 met. zu veranschlagen sein dürfte, in dem das Vorkommen von Versteinerungen geradezu als eine ganz ausserordentliche Seltenheit bezeichnet werden muss, so wird es verständlich sein, dass es sehr detaillirter Studien bedarf, um die Schichtenfolge mit genügender Sicherheit festzustellen. Ich hoffe, dass es mir noch möglich werden wird, auf Grund einer erschöpfenden Kritik der aus den bisherigen Aufnahmen abgeleiteten Profile bis zu meinem Mitte nächsten Jahres erfolgenden Ausscheiden aus dem Dienste der Kaiserlich japanischen Regierung gewisse Theile dieser Aufgabe zu lösen. Es sind nur zwei Bildungen, die durch Petrefacten ausgezeichnet sind: der Kohlenkalk und der Radiolarienschiefer. Von diesen wieder kann, wenigstens vorläufig, nur die erstgenannte zur Bestimmung des geologischen Horizontes dienen. Aus den vorhergehenden Bemerkungen erhellt zur Genüge, eine wie grosse Bedeutung diesen Bildungen zukommt, und es möge ihnen eine etwas ausführlichere Besprechung zu Theil werden.

Der Kohlenkalk kommt an zahlreichen Punkten des Landes vor. Bis jetzt sind nicht weniger als 44 Lokalitäten ermittelt.

Für die grossen Fragen der Stratigraphie Japans werden vorerst die in den Provinzen Rikuchiu und Rikuzen gelegenen Localitäten, weiter die Vorkommnisse des alten Berglandes von Quanto (Bishamonyama, Mambamura, Kagahara Kaminaguri und Kamogawa) sowie das bekannte Akasaka in Mino eine hervorragende Bedeutung erlangen.

Der japanische Kohlenkalk ist wie bekannt vor Allem durch Fusulina und Schwagerina ausgezeichnet. An sonstigen Foraminiferengattungen sind nach Schwager Fusulinella, Lingulina, Tetrataxis,

Endothyra und Climacammina zu erwähnen. Ausser den Foraminiferen kommen vor: Bellerophon, Euomphalus, Poteriocrinus. Kisenuma in Rikuzen zeichnet sich besonders durch Korallen aus. Schwager spricht sich für die Zugehörigkeit der japanischen Fusulinen- und Schwagerinenkalke zu den oberen Schichten des Kohlenkalkes aus. Gottsche vertritt die Ansicht, dass die japanischen Kohlenkalke das ganze Carbonische System einschliesslich der productiven Abtheilung vertreten. Als Gründe führt er an 1. den verschiedenen palaeontologischen Charakter des unteren carbonischen Bergkalkes von Loping in China, 2. die Häufigkeit von Schwagerina, 3. die Untersuchungen Möllers, denen zufolge die Kohlenkalke Russlands das ganze Carbonische System vorstellen. Ich enthalte mich jetzt noch eines definitiven Urtheils über diese Fragen, bemerke nur, dass nach den Aufnahmen Ban's der Kohlenkalk in dem südlichen Theile des Kitakamiberglandes, wo der etwas weniger verwickelten Verhältnisse wegen die Profile mit einiger Sicherheit geführt werden können, von einem sehr mächtigen Complex überlagert wird und dass der Kohlenkalk im Verhältniss zu diesem Complexe, der entschieden immer noch zu der paläozoischen Gruppe gehört, sowie im Verhältniss zu den liegenden Massen derselben Gruppe doch eine relativ nur geringe Mächtigkeit aufweist und die Rolle eines Systems nicht zu spielen scheint.

Eine höchst interessante Bildung, wenn auch nicht von so grosser praktischer Bedeutung wie der Kohlenkalk, so doch von allgemeinerem Interesse, stellen die Radiolarienschiefer vor; von allgemeinerem Interesse insofern, als Radiolarien — meines Wissens wenigstens — in grösserer Menge in Schichten der palaeozoischen Gruppe noch nicht aufgefunden worden sind*) und als in diesen Schiefern ein sehr altes Analogon des Radiolarienschlammes der Tiefsee vorliegt.

Die Radiolarienschiefer sind meist von braunrother, in einer geringeren Anzahl von Fällen von graugrüner Farbe. Sie gehören zu den Thonschiefern und charakterisiren sich mikroskopisch in folgender Weise: Das Gestein setzt sich zusammen aus einem mehr oder weniger mit eckigen kleinen polarisirenden Mineralkörperchen gemischten feinen Staub verschiedenartiger Krystallkörperchen. Die rothen Schiefer zeigen viel Eisenoxydstaub. Wie Maschen eines Netzes erscheinen in der Staubgrundmasse die Radiolarienreste, runde mit Kieselsäure gefüllte Körper vorstellend. In den meisten Fällen ist nur der allgemeine Umriss erhalten, doch

---

*) Rothpletz (Radiolarien, Diatomaceen und Sphärosomatiten im silurischen Schiefer von Langenstriegis in Sachsen) beschrieb einen silurischen Radiolarienrest. Zeitschr. d. D. g. G. XXXII. pg. 447.

zeigt sich hie und da die gitterförmige Durchbrechung des Skelettes in deutlicher Weise. Die Formen dürften der grossen Mehrzahl nach zu den einfacheren Gestalten ihrer Ordnung gehören und zwar zu der Gruppe der Monosphäriden. Ich beobachtete Gitterkugeln mit sechseckigen Maschen (Heliosphära); der Gattung Cenospliara dürfte eine sehr grosse Zahl der Reste zukommen. Kikuchi (siehe weiter unten) erwähnt noch Dictyomitra. Die Radiolarienreste sind oft so dicht gehäuft, dass man ihnen einen wesentlichen Antheil am Gesteinsaufbau zuerkennen muss. Viele verwandte Gesteine, die jetzt nur noch Spuren von Radiolarien oder gar keine derartige Reste enthalten, werden solche ursprünglich doch besessen haben. —

Die organischen Einschlüsse wurden zuerst von Kikuchi, (Schüler und später Assistent C. Gottsche's) beobachtet, der sie in den rothen Schiefern von Ondori, Nakagori und Akamatsu, Kaifugori, Provinz Awa auffand. In seiner Inauguraldissertation (Report on the Geology of the Province Awa in Shikoku, June 1883 Manusk) glaubt er Verwandtschaften mit cretacischen Typen constatiren und die betreffenden Schichten deshalb der Kreideformation zuweisen zu können. Meine Recognoscirungsaufnahmen führten mich Ende des vorigen Jahres durch die genannten Gegenden von Shikoku und ich hatte Gelegenheit, mich von dem höheren Alter dieser Schiefer zu überzeugen. Die mesozoischen Bildungen treten in dem südlichen Awa als Ausfüllungen beckenartiger Einsenkungen auf; sie sind von verhältnissmässig bescheidenem Umfange. Darüber, dass die Radiolarienschiefer nicht in die Reihe dieser jüngeren Schichten hineingehören, kann kein Zweifel bestehen. Sie gehören den älteren, den palaeozoischen Systemen an, und es scheint, als ob ihnen ein noch höheres Alter, als dem Kohlenkalke zugesprochen werden müsste. Nach Beendigung meiner Reise liess ich eine grössere Anzahl ähnlicher in den Sammlungen der Aufnahme niedergelegter Schiefer anschleifen und es ergab sich hier das unerwartete erfreuliche Resultat, dass bei weitem der grössere Theil der ausgewählten Proben die charakteristischen Einschlüsse zeigte, bald in mehr, bald in weniger vollkommener Erhaltung. Die so weite Verbreitung der Radiolarienschiefer im horizontalen Sinne legt fast die Vermuthung nahe, dass sie auch in der Schichtenfolge nicht an einen bestimmten Horizont gebunden, sondern weit verbreitet sein werden. In diesem Falle würden die genannten Bildungen eine weniger hohe Bedeutung für die Stratigraphie haben. Auf keinen Fall ist ihnen aber irgendwelche Bedeutung in dieser Hinsicht abzusprechen.

Was den Radiolarienschiefer wie schon bemerkt in ganz

hervorragender Weise auszeichnet, das ist einmal sein hohes Alter und dann seine unleugbare Verwandtschaft mit dem Radiolarienschlamm der Tiefsee. Bei den tiefsten Lothungen, die der Challenger überhaupt ausgeführt hat, wurden aus 8367 met. Tiefe Schlammproben zu Tage gefördert, die aus Radiolarienschlamm bestanden und zu zwei Drittel (von oben an gerechnet) „durch Manganpartikelchen rothbraun gefärbt waren". Um festzustellen, ob sich die Verwandtschaft unseres alten palaeolithischen Tiefseesedimentes mit dem recenten Schlamm der tiefsten Abgründe des Meeres noch weiter erstrecke, als auf die organischen Einschlüsse, habe ich einige vorläufige chemische Untersuchungen ausführen lassen, die folgende Resultate lieferten:

	$Al^2 O^3$	$Fe^2 O^3$	
Yamadagawagerölle	7.89	4.67	0.8
Sarusawa	18.08	8.12	0.27
Aboke	18.27	5.68	0.08

Es ergiebt sich also, dass die rothe Farbe von Eisen herrührt, nichtsdestoweniger bleibt die eigenthümlich rothbraune Färbung eine sehr charakteristische Eigenschaft der Schiefer. Ist doch ganz besonders dieser Eigenschaft die schnelle Auffindung so vieler Vorkommnisse zuzuschreiben. Da nun auch für den Radiolarienschlamm die rothe Färbung charakteristisch zu sein scheint, so würde der Vergleich einer grösseren Anzahl von Analysen des Schlammes sowohl wie des Gesteins wahrscheinlich zu interessanteren Resultaten führen. Ich bedaure, über die chemische Zusammensetzung des Tiefseeschlammes keine Angaben zur Hand zu haben. Jedenfalls hoffe ich die bis jetzt erzielten Ergebnisse schon in allernächster Zeit vervollständigen zu können. Die in den Schiefern enthaltene Manganmenge erscheint gering; aber man muss bedenken, dass Mangan im Ganzen und Grossen doch eine Seltenheit in den gewöhnlichen Thonschiefern bildet. Meist fehlt es ganz, in seltenen Fällen werden Spuren angegeben und in noch selteneren finden sich Bruchtheile eines Procents oder etwas darüber. In der Tiefsee spielt das Mangan, wie die neueren Forschungen der Challengerexpedition zeigen, eine sehr eigenthümliche und wichtige Rolle.

Es verdient noch ein allerdings negatives Merkmal der besprochenen Bildungen besonders beleuchtet zu werden. Die Radiolarienschiefer zeichnen sich nämlich ebenso wie der Radiolarienschlamm durch das durchgängige Fehlen von Foraminiferen aus. Bekanntlich erklärt man das Nichtvorkommen von Foraminiferen in den grösseren Tiefen der Oceane durch Auflösung der Kalkschalen in Folge der reichlichen Kohlensäuremengen, die in den tieferen Abgründen vorhanden sein müssen. So liefert die Abwesenheit von Foraminiferenresten einen weiteren Beweis für die Verwandtschaft mit dem Tiefseeschlamm, einen weiteren Hinweis auf die Entstehung der Radiolarienschiefer in ausserordentlich grossen Tiefen der alten Meere.

Werden sich analoge Bildungen in den Gebirgen anderer Erdtheile finden? Ich glaube kaum, dass diese Frage verneint werden darf. Dennoch muss es als ein der Beachtung in hohem Grade werthes Zusammentreffen bezeichnet werden, dass der Radiolarienschlamm und sein palaeozoisches Analogon in so enger Nachbarschaft aufgefunden worden sind. In den Meeren der Jetztzeit zeigt nämlich der Radiolarienschlamm eine ganz eigenthümliche geographische Verbreitung. Während die ächten Gebilde dieser Art, an die zwischen 4115 und 8367 met. gelegenen Tiefenschichte gebunden, in dem westlichen und mittleren Theile des grossen Oceans ein ausgedehntes aber in sich abgeschlossenes Gebiet des Meeresbodens, das zwischen 140^0 ö. Länge und 150^0 w. Länge und 15^0 n. Breite und 10^0 s. Breite gelegen ist, überkleiden, fehlen sie fast ganz im südlichen stillen Oceane und im atlantischen Oceane.

Erscheinen die versteinerungsführenden älteren Schichten — (die von Gottsche aus alten japanischen Sammlungen erwähnten Exemplare von Spirifer disjunctus de Verneuil stammen wahrscheinlich aus China; ich habe mich auf meinen Reisen vergebens bemüht, ihren Fundort ausfindig zu machen) — durchaus nicht hinreichend für eine Entzifferung des grossen Complexes der palaeolithischen Systeme, so entsteht die Nothwendigkeit, den Schichtenverband und die Lagerungsverhältnisse zu befragen.

Bei Beginn der geologischen Aufnahme führte ich eine Zusammenstellung älterer Skizzen aus, die ich während der früheren Jahre gelegentlich auf Excursionen in das seiner grossen Nähe wegen von Tokio aus leicht zugängliche, alte Bergland von Quanto hergestellt hatte. Es ergab sich hierbei für den in die Provinz Koshiu hineinragenden südlichen Theil genannten Berglandes ein wenn auch wenig abweichendes, mehr nach W. gedrehtes (die Schichten in dem bezeichneten Theile des Landes streichen durchgängig N.W.) Streichen und eine steilere Stellung der Schichten. Auch erwiesen sich die Gebilde dieses Theiles insofern als etwas Zusammengehöriges und von den übrigen Theilen der palaeolithischen Gruppe wohl Trennbares, als hier das vollständige Fehlen von Kalkbänken, Hornsteinen und Conglomeraten ein weiteres Unterscheidungsmerkmal an die Hand gab. Es erschien demgemäss Veranlassung genug geboten, den bezeichneten Schichtencomplex als besonderes Glied der palaeozoischen Gruppe anzusehen. In dem

Bergland von Quanto sind die Schichten zu grossen nach N.W übergelegten Falten zusammengepresst. Wenn die verschiedenalterigen Ablagerungen des palaeozoischen Flötzgebirges immer alle diejenigen Störungen mitgemacht hätten, die nach ihrer Entstehung stattfanden, so könnte man sich zu der Annahme verleitet fühlen, dass die in Frage stehenden Systeme der steileren Stellung der Falten wegen dem oberen Theile der primären Gruppe entsprechen würden. Die Prämisse ist aber ebensowenig zulässig, als die mehr oder weniger steile Stellung gefalteter Schichten für sich allein zur Bestimmung des relativen Alters verwandt werden kann. Viel mehr würde auf den Character der Faltungen ankommen, dem wir später noch einige Bemerkungen zu widmen haben werden. Aber es lassen sich bestimmte Resultate betreffs der Altersfrage auch auf diesem Wege nicht herbeiführen.

Wenden wir uns nun dem nördlichen Japan zu, so finden wir hier über dem Kohlenkalke eine Schichtenmasse von ganz bedeutender Mächtigkeit; 2600 met. dürfte nicht zu hoch gegriffen sein. Diese Schichtenmasse, für die mit Bestimmtheit ein jüngeres Alter, als das des Kohlenkalkes angenommen werden kann, zeigt einen ganz anderen Aufbau als das soeben besprochene System des südlichen Berglandes von Quanto. Hier in Quanto haben wir Glimmerschiefer, Phyllite, Thonschiefer und Grauwacken, dort Thonschiefer, dichte Quarzgesteine und Conglomerat. Ueber das höhere Alter des südlichen Theiles des Quantogebirges kann also kein Zweifel bestehen und die palaeozoische Gruppe zerfällt demzufolge in zwei grosse Abtheilungen, in eine ältere und in eine jüngere. Die ältere werden wir kurzweg als Uebergangsgebirge bezeichnen; sie muss zum mindesten die cambrischen und die silurischen Schichten einschliessen. Es kann in Zukunft keinen besonderen Schwierigkeiten unterliegen, die beiden Abtheilungen in Specialkarten getrennt darzustellen. Doch bezweifle ich stark, dass eine Gliederung der untern Abtheilung in den Kartendarstellungen je zur Durchführung gelangen wird. Im nördlichen Japan allerdings, im Kitakamibergland, treten nördlich von den dem carbonischen System zukommenden Gegenden palaeozoische Schichtenmassen zu Tage, die keine Kalkeinlagerungen enthalten und für die sich verschiedene durch abweichende Schichtenstellung ausgezeichnete Gebiete unterscheiden lassen, welche auf eine Zweitheilung hinweisen. Oestlich von Morioka kommt übrigens ein durch das Vorherrschen von Schalsteinen ausgezeichnetes System vor. Damit zusammen treten echte Diabase auf, und Zwischenlagerungen von Quarzschiefer finden statt.

Bei der Aufnahme eines grösseren Profils durch das Bergland von Quanto, von Yori bis zum Karizakatoge, beobachtete Kochibe

in der Nähe von Anagura in enger Nachbarschaft mit dem durch
seine Fusulinenkalke, wie durch seine grotesken Felsformen ausgezeichneten Bishamonyama discordante Lagerung innerhalb des
von den jüngeren palaeozoischen Bildungen eingenommenen Terri-
toriums. Hornstein liegt ungleichförmig über Grauwacke, wie es
in der folgenden Skizze (nach Kochibe) dargestellt ist:

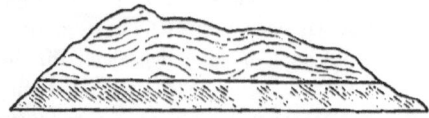

Die liegenden Grauwacken zeigen nach N.O. einfallende
Schichten. Auf der Abrasionsfläche der Grauwacken lagern die
etwas gewundenen Hornsteine. Die Hornsteine scheinen an dieser
Stelle nicht in grossen Massen vorzukommen, auch nicht mit grossen
Massen gleichalteriger Gesteine in direktem Zusammenhang zu stehen;
nach den Beobachtungen liegen an dieser Stelle nur Reste eines
jüngeren Systems vor.

Hieraus ergiebt sich eine Zweitheilung der oberen Abtheilung
der palaeozoischen Gruppe. Es würde ein unteres System mit
Thonschiefern, Grauwacken und mit einer Reihe von Kalklagern
und ein oberes mit Hornstein, Grauwacke, Kohlenkalk und Thonschiefer vorhanden sein, letzteres mit Conglomerat innerhalb der
Reihe der jüngsten Schichten.

Vorstehende, die Eintheilung der palaeozoischen Gruppe in
Systeme betreffende Angaben sind hauptsächlich aus den Ver-
hältnissen des Berglandes von Quanto hergeleitet. Ein Blick auf
die Lagerungsbeziehungen dieses Gebietes möge zeigen, wie schwierig
sich die Beurtheilung der berührten Frage in der Praxis gestaltet.
Stellen wir uns das Bergland von Quanto als einen breiten Streifen
Landes vor, der von S.O. nach N.W. ziehend im Nordosten an die
Ebene, im Südosten an Eruptivgebilde grenzt. In der angegebenen
Richtung S.O.-N.W. streichen auch die Schichten. Wir bringen
zunächst einen schmalen Streifen krystallinischer Schiefer, der den
Uebergang zu der Ebene vorstellt, in Abzug und lassen den mit
Tertiärbildungen ausgefüllten kesselförmigen Einbruch von Chichibu
unberücksichtigt, versuchen zum Zwecke der Ermöglichung
leichteren Verständnisses das Bild etwas zu schematisiren. S.S.O.
erscheint gleich einer breiten Ausbuchtung des Streifens das
Uebergangsgebirge. Seine Schichten sind in breite mächtige Falten
gelegt, und die Falten sind nach S.W. überstürzt. Es hat den
Anschein, als seien hier die Gewölbe einfacher in ihrer Anlage,
dabei aber grösser, bedeutender, als in dem der jüngeren Abtheilung

zugehörigen Nachbargebirge. Nun theilen wir den Streifen unter Weglassung des Uebergangsgebirges durch zwei parallele, der Streichrichtung S.O.-N.W. folgende Linien in drei gleiche Abschnitte. In dem mittleren Streifen begegnen wir stehenden Gewölben, dem älteren System der oberen Abtheilung angehörig, in den beiden anderen Abschnitten aber liegenden Falten von carbonischem und jüngerem Alter, wobei der auf der Seite der Ebene liegende Abschnitt Falten zeigt, die nach N.O. zu überstürzt sind, der auf der Seite des Gebirges liegende Abschnitt aber Falten, die nach dem Gebirge zu, also nach der entgegengesetzten Richtung, nach S.W zu überstürzt erscheinen. Solchen Verhältnissen würden wir ungefähr entgegentreten, wenn wir den palaeozoischen Streifen von Quanto einer gewissen Linie folgend quer durchschnitten. Wollten wir aber von dieser Linie abweichen, um seitwärts gehend der Streichrichtung zu folgen, so würde sich ein Wechsel der Erscheinungen zeigen, es würden uns Complicationen überraschen, die von dem verwickelten Bau des Gebirges genügsam Zeugschaft ablegen könnten. Die Tektonik des Berglandes folgt also nicht streng dem Gesetze der Symmetrie, wenn auch eine gewisse Symmetrie die Verhältnisse des Baues zu beherrschen scheint.

4. Die mesozoischen Systeme.

Im Jahre 1874 fand Rein im Tetorigawathale der Provinz Kaga die ersten Spuren des Vorkommens mesozoischer Schichten in Japan. Die von ihm gesammelten Pflanzenversteinerungen sind von Geyler beschrieben und dem braunen Jura zugewiesen worden. Später, im Jahre 1881, führten mich meine Recognoscirungsaufnahmen zur Auffindung der triadischen Monotisschiefer von Isadomaye; einen Bericht über die obercretaceischen Ammoniten von Jesso hatte ich 1880 in den Mittheilungen der Deutschen Ostasiatischen Gesellschaft gegeben, und im vorigen Jahre war Kikuchi so glücklich, auf Shikoku zu Kashiwaradani, Katsuragori, cretaceische durch scabre Trigonien ausgezeichnete Schichten zu constatiren (cf. Gottsche, Notes on Geology of Japan, Science, Vol. 1 p. 166). So war denn die Reihe vollständig; es waren für jedes der drei mesozoischen Systeme Schichten bekannt geworden, die eine Bestimmung des geologischen Alters durch das Vorkommen wohlcharacterisirter Arten möglich machten. Den angeführten Trias-, Jura- und Kreide-Fundorten haben sich unterdessen fortwährend neue hinzugesellt, so dass zur Zeit mesozoische Bildungen für eine grosse Anzahl von Punkten und für die verschiedensten Theile des Landes nachgewiesen sind.

In grösserer Mächtigkeit entwickelt treffen wir die mesozoischen Bildungen besonders in Rikuzen an, wo sie Berge aufbauen, die eine Höhe von 600 met. erreichen. Auch im Süden sind derart beträchtliche aus der secundären Aera herstammende Schichtencomplexe entwickelt. Auf der Grenze zwischen Idzumi und Kii beginnt ein sehr flacher Rücken, hauptsächlich aus mesozoischen Sandsteinen aufgebaut, der, indem die Meeresstrassen von Isumi und Nakuto zwei Unterbrechungen bedingen, über Awaji hinüberzieht nach Shikoku, wo er mit der Südflanke der Provinz Awa, mit der Nordflanke der Provinz Sanuki angehört. Er zieht bei Iyo hin und erreicht 600 met. Höhe. Den südwestlichen Theil der Provinz Shikoku füllt ein eigenthümlich nach geraden Linien zugeschnittenes Hügelland, dessen höchste Emporragungen etwa 300—400 met. betragen mögen. Sind aus diesem Gebiete noch keine Versteinerungen bekannt geworden, so lässt doch die petrographische Gleichartigkeit der Sandsteine mit solchen, die unzweifelhaft mesozoisch sind, ein Urtheil über das Alter zu. Die sonstigen Ablagerungen mesozoischen Alters treten, wo sie vorkommen, innerhalb nur enger Grenzen auf. Sie erscheinen aber an verhältnissmässig vielen über einen grossen Theil des Landes verbreiteten Punkten und sind als unscheinbare Ueberbleibsel einer grössere Oberflächentheile überkleidenden Decke, an der die Meereswogen späterer Zeiten ihr Zerstörungswerk mit Erfolg bethätigt haben, zu betrachten. In einer Anzahl von Fällen sind diese Reste in den Thälern primärer Massen verborgen, wie bei Kagahara in Koodzuke oder im Katsuragawagebiete der Provinz Awa, gleichsam eingepresst in die Senkungen älterer Schichten, enge im Streichen der älteren Ablagerungen hinlaufende Räume füllend, oder wir finden sie wie bei Rioseki in der Provinz Tosa tiefliegend, am Rande des höher ansteigenden älteren Gebirges, eine Vorstufe zu letzterem darstellend. Einen noch anderen Fall bietet das etwas ausgedehntere Becken von Sakawa (Provinz Tosa). Hier säumt niederes Hügelgelände die Flussläufe ein, und es sind nur hie und da Zwerggestalten von Kegelform, die sich über das wellenförmige Land erheben; ringsum aber im Kreise steigen höhere Berge auf, Berge viel älterer Entstehung. —

Die Schichten sind überall dislocirt, häufig durch sehr steiles Einfallen ausgezeichnet. Eine discordante Ueberlagerung innerhalb der mesozoischen Bildungen (wir lassen gewisse Kalkablagerungen, die wahrscheinlich mesozoisch sind, deren Altersbestimmung aber doch noch nicht mit genügender Schärfe durchgeführt werden kann, vorläufig ausser Betracht) hat bis jetzt nicht constatirt werden können. Es scheint, als ob die Schichten der verschiedenen Systeme, wenn es sich um einen und denselben Bezirk handelt, im Grossen und Ganzen annähernd dieselbe Stellung einhielten. In dem nördlichen Gebiete, das der Provinz Rikuzen angehört (Kitakamibergland), beobachtet man allerdings sehr abweichende Streichrichtungen, doch ist in verschiedenen Gegenden genannten Gebietes ein allmähliges Uebergehen der einen Streichrichtung in die andere nachgewiesen worden. Von grosser Bedeutung ist übrigens das Zusammenvorkommen der verschiedenen Systeme in ein und demselben Bezirk. So sind im mesozoischen Bezirke der Provinz Rikuzen Monotisschichten und jurassische Ammonitenschiefer; bei Kagahara in Musashi kommen sowohl jurassische Cyrenenschichten, wie cretaceische Trigonienschichten vor, im Katsuragawabecken (Awa) jurassische Pflanzenschiefer und cretaceische Trigonien; im Sakawabecken Monotis, jurassische Pflanzenschiefer und Trigonien. Dabei zeigen sich überall, was Honshiu, Shikoku und Kii betrifft, auffallend übereinstimmende Verhältnisse. Auf Shikoku erscheinen die cretaceischen Sandsteine viel mächtiger entwickelt als im Norden.

Diese Uebereinstimmung der Verhältnisse erstreckt sich nun keineswegs auf die Insel Yesso. Hier treffen wir das cretaceische System in einer ganz anderen Entwicklung, wir finden eine andere „Facies" vor, keine Trigoniensandsteine, sondern Kalksteine mit prächtig erhaltenen Ammoniten, Inoceramen etc., auf die wir noch speciell einzugehen haben werden. Auch scheinen auf Yesso die Trias- und die Jurabildungen vollständig zu fehlen, wenigstens ist mir bis jetzt noch nicht die Spur von aus Yesso stammenden Versteinerungen solchen Alters zu Gesicht gekommen, während cretaceische Reste aus den verschiedensten Theilen der Insel vorliegen. Die Yessokreideschichten gehören der oberen Kreide an und dürften den palaeozoischen Bildungen direkt auflagern. Es liegt also hier wahrscheinlich ein Fall der Transgression der Cenomanstufe vor, deren Verbreitung Süss so interessante Erörterungen gewidmet hat. Die Verschiedenartigkeit der obercretaceischen Bildungen auf Yesso und in den übrigen Theilen Japan's, wie sie sich durch den mehr pelagischen Charakter auf der einen, durch den mehr litoralen Charakter auf der anderen Seite offenbart, erscheint überdies noch insofern von Belang, als die Thierwelt der Jetztzeit auf beiden Seiten der Tsugarustrasse eine verschiedene Zusammensetzung zeigt. Die Spaltung der Inselguirlande datirt also höchstwahrscheinlich aus sehr alter Zeit und muss bis in die neueste Zeit hinein fortbestanden haben.

Was die petrographische Entwicklung der secundären Systeme betrifft, so spielen in Rikuzen sandig-kalkige Schiefer und Thonschiefer die Hauptrolle, Sandsteine bilden in diesen Landestheilen keine so bedeutenden Massen. In Idzumi und auf Shikoku dagegen treten Sandsteine in sehr grossen Massen auf. Diese Sandsteine, wahrscheinlich grösstentheils cretaceisch, sind vorzügliche Bausteine und werden in Osaka, wo sie als ein sehr beliebtes Material gelten, Idzumi-ishi genannt. Wir können sie, an die japanische Vulgärbezeichnung anlehnend, Idzumisandsteine nennen. Mit den Sandsteinen zusammen treten im südlichen Japan Conglomerate auf und diese Conglomerate bilden hie und da beträchtliche Massen. Im Katsuragawabecken sind trümmernde und bröckelnde Schieferthone sehr verbreitet. Bituminöse Schiefer und Kohle kommen, allerdings sehr untergeordnet, gleichfalls vor. Im Norden (Rikuzen) treten bei Nabuii Kalkbänke auf, die ich für mesozoisch halte. Grössere Kalkmassen mit Versteinerungen, die, wie bereits erwähnt, auf ein mesozoisches Alter hinweisen und die in Shikoku und in Musashi auftreten, dürften zwar als Bildungen der secundären Aera hinzustellen sein, gehören aber wahrscheinlich nicht dem Schichtencomplexe von Trias-, Jura- und Kreidebildungen an, der in Vorstehendem besprochen worden ist, sind vielmehr älter als dieser und weisen besondere Lagerungsverhältnisse auf.

Wir wenden uns einer näheren Besprechung des paläontologischen Charakters der secundären Bildungen zu, und es mögen die letzterwähnten Kalkmassen hierbei den Anfang machen.

Schon vor einigen Jahren hatte Kochibe zu Itsukaichi am Rande des Berglandes von Quanto einen durch dicke, keulenförmige Cidaritenstacheln ausgezeichneten Kalkstein aufgefunden, der sich einer von Kochibe ausgeführten Specialaufnahme der Umgegend von Itsukaitchi zufolge als Glied einer besonderen, die im genannten Gebiete gleichfalls entwickelten palaeozoischen Gebilde überlagernden Schichtenreihe erwies. Dieselben Schichten fand ich im vorigen Jahre auf Shikoku im Becken von Sakawa in einer nur 750 met. betragenden Entfernung von jurassischen Pflanzenschiefern zu Torinosu. Hier zeigte sich ein ungeheuer compacter, zäher Kalkstein von graubrauner Farbe. Die zahlreichen darin enthaltenen Thierreste (Zweischaler, Gasteropoden etc.) erwiesen sich leider mit der Gesteinmasse in so inniger Verwachsung stehend, dass ein Herauslösen der Formen kaum ausführbar erschien. Dennoch gelang es, einen Cidaritenstachel herauszuschlagen, und erhielt ich einige weitere Exemplare von den Bewohnern des benachbarten Sakawa. Die Stacheln sind kurz, dick, keulenförmig, mit Körnchen besetzt; sie gehören in die Nachbarschaft des *Cidaris glandifera*. Ausser diesen für die Altersbestimmung wichtigen Cidaritenresten enthält der Torinosusandstein Bryozoenskelette. Es sind Formen aus der Familie der Chaetetidae, die aber durch das Fehlen vorspringender Längsleisten ausgezeichnet sind. In den benachbarten jurassischen Schieferthonen fand ich in der pflanzenführenden Schichte den die Form auf das deutlichste zeigenden Steinkern eines mit der Torinosuform identischen Cidaritenstachels. Diese Thatsache darf indessen nicht als Beweis für das jurassische Alter des Torinosukalkes hingenommen werden, da das Vorkommen des Stachels in den pflanzenführenden Schieferthonen des Jurasystems durch Einschwemmung eines bereits fossilen Restes erklärt werden kann. Nun bilden die Torinosukalke eine in dem nördlichen Theile des Sakawabeckens nahe dem Rande hervortretende, niedere, von einzelnen Hügelköpfen der Sandstein- und Schieferthon-Schichtenreihe an Höhe übertroffene Erhebung. Auf der Südseite des Beckens steigt der Bergzug der paläozoischen Gesteine verhältnissmässig hoch über das sich an sehr tiefe Niveau's haltende Becken empor. In diesem Bergzuge finden sich bedeutende Kalkmassen, deren Bänke ein nordwestliches Einfallen zeigen und denen eine ganz andere Gesteinsbeschaffenheit zukommt als den Torinosukalken. Wie erwähnt nehmen die Cidaritenkalke nach Kochibe bei Itsukaichi der älteren, carbonische Kalke einschliessenden Schichtenreihe gegenüber eine übergreifende Lagerung ein. So dürfte denn, vorläufig wenigstens, den in Frage gezogenen Bildungen ein Platz in der älteren Triaszeit zuzuweisen sein. Erscheinen die Einschlüsse des Torinosukalkes für eine Bestimmung des geologischen Horizontes unzureichend, so gewähren die jüngeren Schichten der secundären Gruppe durch die in ihnen enthaltenen Thier- oder Pflanzenreste weit bessere Anhaltspunkte.

Was zunächst die triadischen Schichten betrifft, so finden sich bei Isadomaye (Rikuzen), bei Naniwa (Kawakamigori Bitchiu), Sakawa (Takaokagori, Tosa) gewisse Schichten ganz dicht gefüllt mit *Monotis salinaria*. Genannte Art kommt angeblich weiter vor zu Niagebamura (Yamamotogori, Ugo), Watarimura (Munekatagori, Chikuzen) und Kinkaisan (Tomochego, Kamimasukigori, Higo). Diese letztgenannten Fundorte müssen jedoch als zweifelhaft bezeichnet werden, da sie nur durch Etiquettenangaben alter Sammlungen verbürgt sind, und davon, dass derartige Angaben durchaus nicht blindes Vertrauen verdienen, habe ich mich schon oft überzeugen müssen. Die japanische *Monotis salinaria* gehört der var. *Richmondiana* Zittel zu, zeigt mit dieser eine ganz auffallende Uebereinstimmung. Ausser dieser Form liegt von Isadomaye noch eine andere, kleinere, durch besondere Merkmale unterscheidbare vor, die zur *Monotis salinaria* zum mindesten in naher Beziehung steht. Meine vorjährigen Reisen haben übrigens das Vorkommen von Halobien im Sakawabecken dargethan, so dass auch in Japan die treue Begleiterin der *Monotis salinaria* vorhanden ist.

Dasselbe Gebiet, in dem die *Monotis salinaria* zuerst aufgefunden wurde, nämlich das dem unteren Theile des Kitakamiberglandes entsprechende, hat auch eine Anzahl von Ammoniten geliefert, die freilich meist von sehr mangelhafter Erhaltung sind. Gottsche hat diese Versteinerungen einer Prüfung unterzogen; er erwähnt *Arietites bisculatus* Burg., *Arietites* cf. *rotiformis* Gow und *Lytoceras* sp. aus der Gruppe des *L. fimbriatum*. Nach dem Vorkommen der beiden Arietiten glaubt er die betreffenden Schichten dem Lias und zwar der Zone des *Ammonites-Bucklandi* Oppels zuweisen zu sollen.

Von einer grösseren Anzahl von Fundorten sind mitteljurassische Schichten bekannt. Ausser den Pflanzenresten ist im Laufe der letzten Jahre auch eine jurassische, echte Süsswasserformen enthaltende, Fauna ans Licht gekommen, die in Folge der nahen Beziehung zu den etwas jüngeren pflanzenführenden Schichten gleichfalls als mitteljurassische angesehen werden muss. Das Vorherrschen von Cyrenen lässt wohl die hier vorzuschlagende Bezeichnung: Cyrenenschichten gerechtfertigt erscheinen. Zuerst wurden diese Cyrenenschichten in Kagahara von Kochibe angetroffen. Merkwürdigerweise fand sich hier ein Zweischalerrest, der recht gut aus den Monotisschichten von Isadomaye stammen könnte, so gross ist die Aehnlichkeit mit der dort vorkommenden *Monotis*. Doch liegt nur ein derartiges Exemplar vor und ist dieses von mangelhafter Erhaltung. Es finden sich nun in den genannten Schichten, die ausser in Kagahara auch vertreten sind in den Provinzen Hida, Kaga (hier die pflanzenführenden Schichten unterlagernd) und Awa (Shikoku), die folgenden Genera: *Cyrena* (verschiedene Arten), *Corbicula*, *Ostrea*, *Solen*, *Placuna*, *Melania*, *Natica*. Diese eigenthümliche Fauna gewinnt um so mehr an Interesse, als auch in dem Jurasystem Englands und zwar in der mittleren Abtheilung Süsswasserformen vorkommen. (G. Forbes, On the Estuary Beds and the Oxford Clay at Loch Staffin in Skye: Qu. J. Geol. Soc. Vol. VII. p. 104). Doch zeigt die japanische Fauna mit der englischen keine weiteren Uebereinstimmungen.

Im Katsuragawabecken liegt über den Cyrenenschichten eine kurze Folge von Schieferthonen und Sandsteinen, dann ein Kohlenflötz, das jedenfalls nicht als abbauwürdig gelten kann, obwohl der Versuch des Abbaues gemacht worden ist; und über einer weiteren kurzen Folge von Schieferthon und Sandstein kommen die jurassischen Pflanzenschiefer, dicht am Flussbette anstehend, zum Vorschein. Dieses Profil zeigt, in wie innigem

Zusammenhange die Cyrenenschichten mit den Pflanzenschichten stehen.

Die jurassische Flora ist durch die Geylerschen Untersuchungen bekannt; seit der Veröffentlichung dieser Untersuchungen ist aber ein ausserordentlich reichhaltiges Material von neuen Fundorten zusammengebracht worden. Es sind ausser dem Fundorte des Tetorigawathales folgende Localitäten zu nennen: Kagahara-Kodzuke; Ishizaka, Kita-Adzumigori Shinano; Okamigo, Onogori, Hida; Ushimaru, Onogori Hida; Hakogara, Onogori, Echizen; Tanimura, Onogori, Echizen; Yanagidani, Hakusan, Kaga, Yuasa, Aritagori, Kii; Masakimura, Katsuragori, Awa; Mitani, Katsuragori, Awa; Tanno, Katsuragori, Awa; Chojamura, Takaokamura, Tosa; Sakawa, Takaokagori Tosa; Rioseki, Yakiyomura, Kasanogawa, Nakaokigori Tosa. Die Verwandtschaftsbeziehungen der japanischen Flora der Juraperiode weisen nach den verschiedensten Richtungen. Dieselben Arten finden sich in den Juraschichten vom Amur, von Sibirien, Spitzbergen, China, Indien und Europa. Eine sehr wichtige Form, die wohl an den meisten Fundorten auftritt ist *Podozamites lanceolatus*.

Das Kreidesystem ist, wie bereits erwähnt, durch scabre Trigonien angezeigt. Hiernach gehören die durch Versteinerungen ausgezeichneten Schichten der Kreidesandsteinmassen der südlich von der Tsugarstrasse gelegenen Inseln zur oberen Abtheilung des Systems. Die Trigoniaschichten kommen an folgenden Punkten vor: Utogawa, Kagahara, Minami-Kanragori, Kodzuke; Masakimura, Katsuragori, Awa; Tanno, Katsuuragori, Awa; Yotayama, Hanagori, Awa; Idzumitani, Hanagori, Awa; Rioseki, Nagaokagori, Tosa; Kawai, Takaokagori, Tosa. Aus dem Katsuragori erwähnt Kikuchi, ausser der am meisten verbreiteten mit *aliformis* nahe verwandten scabren Form, drei verschiedene Arten von *Trigonia* aus der Gruppe der *glabrae*.

Auch in Jesso ist, wie erwähnt, die obere Kreide vertreten und hier durch einen grösseren Reichthum an Versteinerungen ausgezeichnet, als im übrigen Japan. Es sind Fundstellen aus ganz verschiedenen Theilen der Insel bekannt, nämlich: Urakawa und Shizunai, Provinz Hidaka; Sorachi, Provinz Ishikari; Kamikawa, Provinz Tokachi. Das Versteinerungen führende Gestein der Yezokreide ist fast durchgängig Kalkstein. Nur von Otanshimai, Kamikawagori, Tokachinokuni stammt ein kalkiger, sehr feinkörniger, grünlichgrauer Sandstein. Die Petrefacten von Poronai, Sorachi, Ishikari liegen in dunkelgrauem Kalkstein mit gross- und flachmuscheligem Bruch. Viele von den Formen, aus welchen sich die Kreidefauna von Yesso zusammensetzt, gehören auch den

indischen Kreideschichten an. Hierdurch wird es möglich, ein
Urtheil über das Alter der betreffenden Schichten abzugeben. In
den cretaceischen Ablagerungen von Jesso kommen vor: *Lytoceras
Saeya* Forbes, *Phylloceras* nov. sp., verwandt mit *Ph. Indra*
Forbes; *Phylloceras* sp., verwandt mit *Ph. subalpinum* d'Orb.;
Ph. Velledae Michelin; *Amaltheus Sugata* Stol.; *Haploceras* nov.
sp., verwandt mit *H. Deccanense* Stol. und *H. Arrialoorense*
Stol.; *Hapl.* nov. sp., verwandt mit *H. Arrialoorense* Stol.; *Hapl.
plannulatum* Sow.; *Haploceras Gardeni* Baily; *Stoliczkaia* sp., verwandt mit *Stol. Rudra* Stol., *Anisoceras tenuisulcatum* Forbes;
Anisoceras sp., verwandt mit *An. Indicum* Forbes; *Ptychoceras
gaultinum* Pictet; *Inoceramus Cripsii*; *Inoceramus lobatus*. Hiernach dürfte die ganze obere Kreide vom Cenoman bis zum Senon
in Jesso vertreten sein. Die Kreideschichten der Insel Sachalin
stellen eine Fortsetzung der Yezoschichten dar. Es wird dies
durch das beiderseitige Vorkommen der folgenden Arten dargethan:
Lytoceras Saeya Forbes, *Haploceras Velledae* Michelin, *Hapl. peram-
plum* (derselbe wie der oben als *Hapl.* nov. sp. verwandt mit *H.
Deccanense* und *Arrialoorense* erwähnte), *Ptychoceras gaultinum*.
Die Kreideformen der amerikanischen Gebiete stehen zu den japanischen in keiner Verwandtschaftsbeziehung. Selbst die von Eich-
wald beschriebene Kreidefauna von Alaska und den Aleuten trägt
ein ganz anderes Gepräge: die Schichten, denen die Petrefacten
dieser Gegenden angehören, sind vom Alter des Neocom und Gault

5. Systeme der Känozoischen Gruppe.

Das ältere Gebirge umgürtend, oder dasselbe in Form lang-
hinziehender Streifen begleitend, oder auch Einsenkungen grösseren
oder geringeren Umfanges ausfüllend, breiten sich die känozoischen,
in nicht unbedeutender Mächtigkeit entwickelten Sedimentärgebilde
auf einer in verschiedenen Theilen des Landes verschiedenartigen
Unterlage aus. Conglomerate, Sandsteine, Schieferthone, Braun-
kohle, vulkanische Tuffe, Meeressand, Geschiebemassen, Lehm, Torf,
das sind die Materialien, aus welchen sich die der jüngsten Aera
zukommenden hügeligen Ueberdeckungen zusammensetzen. Kalk
spielt in diesen Schichtenfolgen eine ganz untergeordnete Rolle.
Vulkanischer Thätigkeit hat der jüngste Theil der Gruppe einen
ganz bedeutenden Zuwachs zu verdanken: vulkanische Gesteine
finden sich hie und da in die sedimentäre Schichtenreihe eingeschaltet, und in nicht seltenen Fällen vermögen wir ausgedehnte
Ueberfluthungen der jüngsten Schichten durch feuerflüssige Massen
zu constatiren. Innerhalb der känozoischen Schichtenfolge sind
in einer Anzahl von Fällen verschiedene Discordanzlinien (z. B. am

Unterlauf des Shinanogawa) beobachtet worden, die auf wiederholte Oscillationen hinweisen und für die Unterscheidung von Abtheilungen noch eine grosse Bedeutung erlangen werden. Die älteren hierher gehörigen Schichtenmassen sind zu ganzen Reihen von Falten gestaut. Die relative Höhe der bedeutendsten Erhebungen solcher Hügellandschaften, die durch eine derartige Stauung ihrer Schichtenmassen emporgewachsen sind, beträgt in verschiedenen Fällen mindestens 400 met. Diese stärker gefalteten Schichten von Conglomeraten, Sandstein, Schieferthon etc. gehören wahrscheinlich der Miocänabtheilung an. Sie sind im Allgemeinen an die tieferen Niveau's gebunden. In den überlagernden Massen spielen, zum mindesten ist dies in ausgedehnten Theilen des Landes der Fall, vulkanische Tuffe die Hauptrolle. Auch diese Pliocänschichten sind dislocirt, obgleich nicht so stark gefaltet, wie die vorhergehenden Ablagerungen. Sie ziehen übrigens im nördlichen Japan ziemlich hoch hinauf, selbst über Pässe hinweg, so dass man, wie z. B. auf dem Wege von Midzusawa über Inai nach der Westküste, in die Lage kommen kann, kaum etwas Anderes zu Gesicht zu bekommen, als diese ermüdenden Tuffbildungen und ihre Begleiter.

Eine Discordanzlinie, welche an den Terassenwänden der Gegenden von Yokohama deutlich zu beobachten ist, bildet nach Brauns die Grenzmarke zwischen Pliocän und Diluvium. Ich bin immer der Ansicht gewesen, dass dieser Discordanzlinie die Bedeutung einer Formationsgrenze nicht zugesprochen werden könne und dass die jüngste Stufe der im Liegenden jener Linie auftretenden Schichten noch zum Diluvialsystem zu rechnen sein dürfte. Doch kommt ja hier auf diese Frage nicht viel an und sie möge vorläufig dahingestellt bleiben.

Durch die Untersuchungen Martin's, Lesquereux's und Nathorst's ist das Vorkommen von Miocänablagerungen in Japan mit Sicherheit nachgewiesen worden.

Herr Prof. Martin in Leyden schrieb mir vor einigen Jahren dass er die japanischen Siebold'schen Tertiärconchylien in Arbeit habe und dass diese Reste, oder wenigstens eine Anzahl derselben, miocänen Ablagerungen entstammten. Ein kurzer Bericht Lesquereux's über meist in Jesso unter Lyman gesammelte Pflanzenreste mit dem Hinweis, dass dieselben eine Flora vorstellten, die der miocänen Flora Sachalins sehr nahe komme, ist enthalten in A. G. Nathorst: Contribution à la Flora fossile du Japon. Herr Prof. Nathorst hatte die besondere Güte mir über die Resultate einer vorläufigen Untersuchung japanischer, der geologischen Aufnahme gehöriger Tertiärpflanzen, Mittheilung zu machen, und zögere ich um so weniger, von der mir freundlichst gewährten

Erlaubniss, die Mittheilungen zu benutzen, Gebrauch zu machen, als die Resultate von höchstem Interesse sind. Die folgenden Floren sind als miocän zu betrachten:

Moriyoshi, Kita-Akitagori. Ugo: Kayakusa, Kita-Akitagori, Ugo; Shimoshinokinai, Senbokugori, Ugo; Aburado, Nishi-Tagawagori, Uzen: Yamakumada, Iwafunegori, Echigo: Koyamura, Iwasokigori, Iwaki; Kita-Aiki, Sakugori, Shinano; Todohara, Nishitamagori, Musashi: Itsukaichi, Nishitamagori. Musashi.

Von pliocänem Alter sind folgende Vorkommnisse: Sado; Ushigatani, Onogori, Echizen; Azano, Tomigura, Shimo-Inagori, Shinano; Mogi bei Nagasaki.

Die miocäne Flora Japans schliesst sich der Sachalins und Alaskas auf das innigste an. So sind zu nennen: *Sequoia Langsdorfii* Brogn. sp. (Moriyoshi), *Juglans* cf. *acuminata* Hr. (Shimoshino Kinai) etc. *Comptonia acutiloba* Brogn. ist insofern sehr interessant und wichtig, als die Art früher nicht ausser Europa gefunden war. Bei Kita-Aiki kommt vor: *Juglans nigella* Hr.; *Castanea Ungeri* Hr.; *Carpinus grandis* Unger; *Fagus Antipofi* Hr.; *Planera Ungeri* Err. welche alle auf Sachalin und Alaska vorkommen. An verschiedenen der genannten Fundorte zeigen sich übrigens neue Arten von *Castanea c. Aesculus*. Weiter schreibt mir Herr Prof. Nathorst, dass er kürzlich schöne, der Universität Upsala gehörige Sammlungen aus Südjapan erhalten habe. Dieselben legen unter Anderem dar, dass die Flora von Mogi auch auf der Insel von Amakusa vorkommt.

Was das Alter der Schichten von Mogi betrifft, aus denen Nordenskjöld ein so reiches Material geschöpft hat, so sagt Nathorst in seiner Abhandlung über Mogi: „La question de l'âge de la flore? de Mogi ne peut donc évidemment pas recevoir pour le moment d'autre réponse que celle qu'elle doit appartenir ou à la fin de la période tertiaire ou à la première partie de la période quaternaire." Nathorst gelangt übrigens auf Grund seiner Untersuchungen der Mogiflora zu dem Resultat, dass die Temperaturabnahme der Eiszeit ihren Einfluss auf das südliche Japan ausgedehnt habe. Auch schreibt er die subtropischen Elemente der jetzigen japanischen Flora der spätesten Einwanderung zu. Leider sind die Reste von Takashima von so unvollkommener Erhaltung, dass die genauere Bestimmung des Alters, welche gerade in diesem Falle des bekannten Vorkommens bedeutender Kohlenflötze wegen von grossem Interesse sein würde, nicht durchführbar erscheint. Nathorst äussert sich nur dahin, dass die Takashimaschichten nicht gleichalterig mit den Mogischichten sein können, dass ihre Pflanzenversteinerungen Zeugschaft von einem wärmeren Klima geben und dass sie entweder dem Miocän, dem Eocän oder selbst dem cretaceischen System angehören.

Die Fauna der unter der obenerwähnten Discordanzlinie liegenden jüngeren Schichten der Umgegenden von Tokio und Yokohama ist von Brauns zum Gegenstand einer specielleren Untersuchung gemacht worden. Von 41 Gasteropoden sind 9 weder in den chinesischen noch in den japanischen Meeren zu finden, und was die von ihm bestimmten 43 Conchiferen betrifft, so sollen 7 davon nicht mehr in den benachbarten Gewässern vorkommen. Hierauf gründet sich die Bestimmung der unter der Discordanzlinie gelegenen Schichten als pliocän.

Die känozoischen Gebilde beherbergen auch zahlreiche Reste von Säugethieren, und es ist zu erwarten, dass den bis jetzt vorliegenden Funden in Bälde weitere zugesellt werden können. Besonders sind es Elephanten, die einen wichtigen Bestandtheil der alten Säugethierfauna abgegeben haben. In einer speciellen Arbeit erschienen in den Palaeontographicis Bd. XXVIII, Heft 1) habe ich meine Untersuchungen über die bis zum Jahre 1880 bekannt gewordenen japanischen Elephantenreste niedergelegt. Dieser Arbeit ist nun neuerdings ein so unbarmherziges Schicksal zu Theil geworden, dass ich, so gern ich auch an dieser Stelle jede Polemik vermeiden möchte, nicht umhin kann den Gegenstand etwas ausführlicher zu beleuchten. Brauns macht in seinem Aufsatze „Ueber japanische diluviale Säugethiere" den Versuch, alle meine Bestimmungen umzustossen, und überhäuft mich mit Vorwürfen, die mir durchaus ungerechtfertigt erscheinen. Ich bedauere ausserordentlich, dass mir die genannte Arbeit erst im März dieses Jahres zu Gesicht gekommen ist; andernfalls würde ich es schon früher für meine Pflicht gehalten haben, die Brauns'sche Kritik meiner Untersuchungen einer Antikritik zu unterziehen. Die grosse Verschiedenheit unserer Resultate wird durch nachstehende Uebersicht klar werden:

	Fundort.	Naumann.	Brauns.
1	Binnenmeer b. Shodzushima gedredged	Stegodon Cliftii FALC. et CAUTL.	Stegodon sinensis OWEN
2	Riugemura am Biwasee	Stegodon insignis FALC. et CAUTL.	Elephas meridionalis NESTI
3	Jokosuka, Sagami	Elephas namadicus FALC. et CAUTL.	Elephas antiquus FALC.
4	Kishiu	„ „	
5	Kasumigawa	„ „	
6	Jedobashi (Brücke in Tokio)	„ „	
7	Fundort unbekannt	Elephas primigenius BLUM.	Elephas antiquus FALC.

Brauns erwähnt ausser dem in der Tabelle angeführten Jokosuka-Elephanten noch einen anderen, der gleichfalls in Jokosuka gefunden worden sein soll. In Bezug auf dieses letztere Fossil, das von Savatier mit nach Paris genommen worden sein soll und dessen bei Stoppani (Corso di Geologia, Vol. II pg. 677) Erwähnung geschieht, muss ich bemerken, dass ich mich vergeblich bemüht habe ausfindig zu machen, ob in Jokosuka wirklich zwei verschiedene Elephantenfunde gemacht worden sind. Die Angaben Savatier's und die, die ich erhielt, zeigen eine unverkennbare Uebereinstimmung; in beiden Fällen liegt ein Unterkiefer vor, und dazu kommt, dass Brauns „weder von Savatier, der es nach Paris gebracht haben soll, noch von Stoppani selbst, noch von dem damals in Japan befindlichen Generalconsul Robecchi die geringste Auskunft über das Verbleiben des Stückes" zu erhalten vermochte. Als ich meine Abhandlung niederschrieb, war ich der Ueberzeugung, dass es nur einen Jokosuka-Elephanten gebe, und nach dem Vorstehenden dürfte es jedenfalls wünschenswerth erscheinen, über den Verbleib des angeblichen *Elephas meridionalis* von Jokosuka mehr in Erfahrung zu bringen, als bis jetzt ermittelt werden konnte.

Der Brauns'sche Aufsatz beginnt mit der Behauptung: „Die fossile Säugethierfauna Japans gehört, so weit sie bis jetzt bekannt geworden, ohne Ausnahme der quartären Formation an." Wenn wir uns nun die Brauns'sche Auffassung des Quartär ins Gedächtniss zurückrufen, so müssen nach diesem Ausspruche alle bis jetzt vorliegenden Säugethierreste ohne Ausnahme aus denjenigen Ablagerungen herstammen, die über der Discordanzlinie gelegen sind, durch welche die Tuffschichten abgeschnitten werden. Dazu ist nun zu bemerken, dass, was die bestimmbaren fossilen Säugethierreste anlangt, auch nicht in einem Falle geologische Beobachtungen über die Fundstellen vorliegen. Selbst die einfache Erklärung Savatier's dass die Jokosukareste in „quartären" Ablagerungen gefunden wurden, genügt keineswegs: denn man muss hier vorerst wissen, was man sich unter Quartär vorzustellen hat. Es ist somit nicht ganz verständlich, wie Brauns fortwährend von der „diluvialen" Säugethierfauna Japans sprechen kann, und wie weit es gerechtfertigt erscheinen soll, wenn er die bekannten fossilen Säugethiere Japans als Bestandtheile der palaearktischen Region auffasst.

In der erwähnten Abhandlung führe ich das Resultat an: „Die japanischen Elephantenreste deuten auf einen Zeitabschnitt hin, der nicht weiter als in die pliocäne Zeit zurückreichen dürfte, und der bis an die jetzige Erdperiode heranreicht." Brauns sucht zu beweisen, dass die Siwalikschichten miocän seien. Hiermit tritt er der Blanford'schen Ansicht entgegen und kehrt zu der Auffassung einer früheren Zeit zurück. Die Brauns'schen Ausführungen sind für mich nicht überzeugend, womit ich indessen keineswegs ein massgebendes Urtheil über die mir fernliegenden indischen Verhältnisse abgegeben haben will. Sollte die Siwalikfauna, den Anschauungen der Mitglieder des „geological Survey of India" entgegen, dennoch miocän sein, so führten uns — sobald meine Bestimmungen richtig sind — die japanischen Elephanten bis in die miocäne Zeit zurück. Aber das würde an den Hauptresultaten meiner Abhandlung gar nichts ändern. Um nun auf die Bestimmungen selbst überzugehen, so muss ich zunächst bemerken, dass ich mich allerdings einer andern Methode bediene als Brauns, dass ich aber durchaus nicht „von Voraussetzungen ausgehe, welche denen aller übrigen Autoren entgegenstehen." Ich mache überhaupt gar keine Voraussetzungen, während Brauns voraussetzt, dass alle bekannten fossilen Säugethiere Japans diluvial sein müssen, dass sie der palaearktischen Region angehören u. s. w. Ich suche die natürlichen Formbeziehungen zu finden und wenn diese Bemühungen mit Erfolg begleitet sind, so mache ich die erlaubten Schlüsse. Brauns vindicirt den Resten von vornherein ein quartäres Alter, obwohl er die Verhältnisse der ursprünglichen Lagerstätten durchaus nicht kennt und sieht dann zu, wie sich die Bestimmungen gestalten müssen, um mit einer solchen Altersannahme in Uebereinstimmung treten zu können. Dass in Japan ganz echte Stegodonten vorkommen, das stellt selbst Brauns nicht in Abrede, obwohl er den Riugemura-Elephanten, der ebensogut ein Stegodon ist, wie der von Shodzushima, als *Elephas meridionalis* Nesti bestimmt. Aber auch in China kommen Stegodonten vor, und es hat Owen selbst darauf hingewiesen, dass sein *Stegodon orientalis* gewisse Verwandtschaftsbeziehungen zu *Stegodon Cliftii*, *Stegodon insignis* und *Stegodon ganesa* bekundet. Die interessanten Zwischenformen verdienen jedenfalls als sehr bedeutungsvolle Faunenbestandtheile angesprochen zu werden und gerade sie beweisen, dass die palaearktische Region durchaus nicht so weit zurückweichen dürfte, als der Elephant von Shodzushima, dass die thiergeographischen Verbreitungsbezirke der Jetztzeit und der Quartärperiode mit denen einer früheren Periode nicht zur Deckung gebracht werden können.

Ich will hier übrigens beiläufig bemerken, dass in den jüngeren Schichten der Ebene von Jeddo nach Leith Adams und G. Busk auch *Elephas indicus* vorkommt. (S. Leith Adams and Busk: Has the asiatic elephant been found in a fossil state? Journal geol. Soc. Vol. XXIV. 1868. „The fossil tooth was found

40 miles from the sea-shore between Kanagawa and Jeddo at the base of a surface coal bed 80 feet or there about from the general level!") Auch dieser Fund stimmt durchaus nicht mit dem angeblich palaearktischen Charakter der Fauna, deren Reste in jenen Schichten begraben liegen.

Eine Verwandtschaft wenigstens einiger japanischer Elephanten mit denen der Siwalikschichten ist nicht von der Hand zu weisen. Ich muss bei allen meinen früheren Bestimmungen stehen bleiben, sehe sogar keine genügenden Gründe, die Bezeichnung *Elephas namadicus*, wie sie von mir in Anwendung gebracht worden ist mit der von Brauns substituirten *Elephas antiquus* zu vertauschen. Wenn die Stegodonten den innigen Zusammenhang der altjapanischen mit der altindischen Säugethierfauna und auch mit der altchinesischen zur Genüge klar legen, so ist meiner Ueberzeugung nach unbedingt die Bezeichnung *namadicus* vorzuziehen, so lange die Unterscheidung der beiden so nahe verwandten Arten von berufener Seite noch aufrecht erhalten wird und so lange keine vollständigen Ueberreste aus den verschiedenen Bezirken bekannt geworden sind. Brauns bestreitet auch die Richtigkeit meiner Bestimmung des Junker von Langeck'schen Exemplares. Er hat das Exemplar nie gesehen, und ich glaube doch, dass es etwas zu weit gegangen sein dürfte, eine Bestimmung nur auf Grund einiger Maasse und sonstiger sehr bündiger Angaben des Autors der Bestimmung zu bestreiten. Gewöhnlich gewinnt man ja das richtige Urtheil erst nach wiederholten Vergleichen.

Vielleicht geben die vorstehenden Erörterungen eine Anregung zur Besprechung der hier berührten Fragen, und würde sich der Verfasser dieses Berichtes aufrichtigst freuen, wenn das Urtheil berufener Autoritäten wenigstens über die wichtigsten der in Zweifel gezogenen Punkte herbeigeführt werden könnte.

Schon in früheren Arbeiten habe ich auf das Vorkommen riffbildender Korallen in Japan aufmerksam gemacht. Meine letztjährigen Reisen haben mich die Ueberzeugung gewinnen lassen dass Korallenriffe an den japanischen Küsten in weiter Verbreitung auftreten. An manchen Stellen der Küste sind ganze Kalkbrennereien auf derartige Vorkommnisse gegründet, und im südlichen Japan hat man besondere Namen für die Korallenkalkbildungen der Küste; man nennt sie meist Kiknishi. In Kagoshima und in Amakusa sollen nach den Angaben der Fischer und Schiffer, die ich befragte, die Riffe noch jetzt belebt sein. Ich hatte leider keine Gelegenheit mich von der Richtigkeit dieser Angaben zu überzeugen. Da die Riffkorallen bis zum 30. Grad nördl. Breite vorkommen und da die Küsten von Japan vom Kuroshino, dem warmen Strom, bespült werden, so hat die Annahme des Vorkommens belebter noch wachsender Riffe, was das südliche Japan betrifft, an sich nichts Unwahrscheinliches. Im nördlichen Japan dagegen habe ich von derartigen recenten Korallenbildungen nie etwas gehört oder gesehen, doch sind mir während meiner Reise durch diese Theile Korallenreste zu Gesicht gekommen, die von Riff-artigen Bildungen herstammen müssen und deren Fundorte an der benachbarten Küste liegen sollten. Die am Eingange zur Jeddobai vorkommenden Korallenbildungen liegen jedenfalls auf festem Lande, nach Nakano ca. 50' über dem Meeresspiegel, müssen also als fossil angesehen werden.

Die japanische Thier- und Pflanzenwelt der Jetztzeit zeigt eine so eigenthümliche Zusammensetzung und eine so auffallende Verbreitung der Formen, dass die sich daranknüpfenden Studien für geologische Fragen von hervorragendem Interesse sind. In seinem Aufsatze: „Zoological indications of ancient connections of the Japanese islands with the Continent" bespricht Blackiston unter Anderem die Verschiedenheit der Thierbevölkerung Jesso's und des übrigen Japan. Hier zeigt sich in der That ein ganz auffallender Mangel an Uebereinstimmung in den Faunen. Blackiston sagt: „Indeed, there is less resemblance between Japan proper and Yesso, than between the former and China." Daraufhin hat Milne den Vorschlag gemacht, die Trennungslinie der beiden thiergeographischen Verbreitungsbezirke mit dem Namen „Blackiston's line" zu belegen, ähnlich wie man die Linie zwischen Bali und Lambok Wallace's line zu nennen pflegt. Die Thatsache des Bestehens einer so weit gehenden Verschiedenheit der Faunen Yesso's und Alt-Japans ist von um so grösserem Interesse, als, wie oben des Näheren erörtert, schon gegen das Ende der mesozoischen Aera, wahrscheinlich sogar viel früher — mit Beginn der mesozoischen Aera — ein Gegensatz in den beiderseits der Tsugarstrasse gebotenen physikalischen Verhältnissen eintrat. Die Tsugartrennung scheint also von ausserordentlich hohem Alter zu sein. Wenn die jetzige Flora von Yesso eine von der Flora der übrigen Theile des Landes verschiedene Entwicklung nicht aufweist, und nach Maries ist solches in der That der Fall, so darf das nicht Wunder nehmen, da ja den Pflanzen eine viel grössere Verbreitungsfähigkeit zukommt als den Thieren. Die Thierbevölkerung Yesso's zeigt eine weitgehende Uebereinstimmung mit der Sibiriens, und die Invasion erfolgte hier ohne Zweifel von der Gegend der Amurmündungen her, wo eine Landverbindung bestanden haben muss, über Sachalin. Im Süden war während einer früheren Periode die Verbindung mit dem Continente in der jetzigen Strasse von Korea hergestellt.

und die Einwanderung in die südlich von der Tsugarstrasse gelegenen Theile erfolgte auf diesem Wege.

Auf Grund der geologischen Aufnahmen in Yesso, die in früheren Jahren unter dem später aufgelösten Colonisations-Departement betrieben wurden, hat bekanntlich Lyman nach den Lagerungsverhältnissen verschiedene Systeme unterschieden, von denen die „Toshibetsgruppe" mit Sicherheit als känozoisch betrachtet werden kann. Was dagegen die sogenannte Horumuigruppe Lyman's anbelangt, so befinden wir uns bezüglich des Alters noch im Zweifel. Lyman selbst sagt: „It is probable therefore that all the lower beds at least are cretaceous; possibly the upper part of the great thickness of coal bearing rocks may reach into the tertiary." Die Achsen der Faltung fallen bei der Toshibetsgruppe in die N.S. Richtung, bei der Horumuigruppe sind die Achsen nach N.O.-S.W. orientirt, doch zeigt sich in dieser Gruppe vielorts eine Combination der N.S. und der N.O.-S.W. Richtung. Die Mächtigkeit des älteren Systems gibt Lyman auf ca. 6500', die des jüngeren auf 3000' an.

Diese Zahlen sind durch specielle Aufnahmen ermittelt, deren ganz besonderer Zweck es war, Lagerungsverhältnisse und Mächtigkeit der Yessokohlenflötze festzustellen; sie verdienen also mit mindestens ebensoviel Vertrauen hingenommen zu werden, als viele der ganz rohen die Mächtigkeit der Schichtencomplexe betreffenden Schätzungen, die einer topographischen Grundlage ganz entbehren und die nichtsdestoweniger oft mit zu grosser Gewissheit hingestellt werden. Die erwähnten Angaben über die Mächtigkeit der jüngeren Systeme Yesso's können somit als Hinweis auf die bedeutenden vertikalen Dimensionen gelten, welche diesen jüngeren Bildungen im Allgemeinen zukommen. Auch auf den Inseln südlich der Tsugarstrasse zeigen sich die tertiären Schichtenmassen in keineswegs unbedeutender Mächtigkeit. Die bis jetzt angefertigten Profile führen zu Zahlen, die die Lyman'schen Angaben über die Toshibetsgruppe noch übersteigen. Aber ich will derartigen Resultaten keinen so grossen Werth beimessen, wenigstens so lange eine ausgiebigere Prüfung der Materialien nicht vorliegt.

Munroe hat in dem Toshibetssystem zwei Abtheilungen unterschieden, von welchen er die obere mit dem Namen der Toshibetsclayrocks und die untere mit dem Namen der „Chingkombo shales and sandstones" bezeichnet.

Anhang zum I. Abschnitte:

Die am Aufbau der Inseln theilnehmenden Systeme. — Kohlen.

Es sind gerade die beiden äussersten Abschnitte des japanischen Inselbogens, Kiushiu und Yesso, wo wir die Hauptkohlenschätze des Landes angehäuft finden. Alle zwischengelegenen Vorkommnisse von Kohle sind in Folge der Geringfügigkeit der Flötze von nur ganz localer Bedeutung, und bei weitem die meisten dieser Vorkommnisse müssen sogar, obwohl ihrer in den officiellen Verzeichnissen und Berichten in der Regel Erwähnung geschieht, als kaum abbauwürdig bezeichnet werden. Echte Steinkohlen — Kohlen des carbonischen Systems — kommen bestimmt nicht vor. Nichtsdestoweniger zeigen die japanischen Kohlen gewöhnlich die Eigenschaften echter Steinkohlen, sind sogar in verschiedenen Fällen als Anthracitkohlen zu bezeichnen.

Was das Alter der Kohlen betrifft, so gehören die ältesten, allerdings nicht bauwürdigen Flötze dem Jurasystem an; (z. B. Awa, Katsuragori, Fujikawa.) Ob die kohlenführenden Schichtenmassen des nordwestlichen Kiushiu, sowie des eigentlichen Horumuisystems Lyman's in die mesozoische Gruppe hinabreichen, dürfte zu verneinen sein: es bedarf aber noch weiterer Untersuchungen, um diese wichtige Frage endgültig zu entscheiden. Nach den Untersuchungen Nathorst's bestimmen sich die Braunkohlenflötze von Aburato und von Kayakura bei Ani (Nordjapan) als miocän. Pliocäne Braunkohlenflötze zeigen sich in verschiedenen Theilen des Landes; sie sind immer von nur sehr bescheidenen Dimensionen. Als die jüngsten Bildungen in der Reihe der fossilen Brennstoffe ist dann noch der Torf zu nennen, der sowohl in der vom Iwakigawa durchflossenen kesselförmigen Einsenkung, wie in der vom Omonogawa bewässerten Depression ziemlich ausgedehnte Lager bildet.

Takashima ist nicht nur die productivste Kohlengrube, sondern sogar das productivste Bergwerk im ganzen Lande. Als ich den Gruben Ende vorigen Jahres einen Besuch abstattete, belief sich die Tagesproduction auf ca. 750 Tons. Die Insel hat einen Flächeninhalt von nahezu 1 ▢ Kilom.; die Entfernung von dem Nagasakihafen, wohin die mit Kohlen beladenen Dschunken von einem kleinen Dampfboot geschleppt werden, beträgt nur 8 Seemeilen. Die Form der Insel verräth auf das deutlichste die Verhältnisse des inneren Baues. Auf der Südostseite, wo der Ankerplatz für die Dschunken, wo Schachtöffnungen, Maschinen u. a. m. liegen, steigt ein felsiges Kliff auf: von der Kante dieses Kliffs aus nach Innen zu senkt sich eine sanft wellige Fläche gegen N.O., um auf der anderen Seite der Insel wieder etwas emporzusteigen. Die Muldenform der Oberfläche wird genau von den Schichten und Flötzen nachgeahmt.*) Es sind drei Hauptflötze vorhanden, von 5—7 met. Mächtigkeit. Das hangende Flötz wurde früher abgebaut, ersoff aber in Folge eines Durchschlags ins Meer. Die Baue sind jetzt noch mit Wasser gefüllt. Der Abbau geschieht zur Zeit auf Flötz No. 1 (Liegendes) und Flötz No. 2 (Mittelflötz) wobei das erstere täglich 400—500 Tons, das letztere durchschnittlich 300 Tons pro Tag liefert. Nur das liegende Flötz geht nicht über Tage aus; die Verbindung mit der Oberfläche ist hier durch einen Schacht hergestellt. Die Baue sind schon jetzt seitwärts bis unter den Meeresspiegel ausgedehnt.

Nächst Takashima ist Miike von Bedeutung. Während erstgenannte Grube Eigenthum einer grossen Schifffahrtsgesellschaft ist (Mitsubishi), gehört letztere der Regierung. Miike producirt etwa $2/3$ so viel wie Takashima. Die Grube liegt nicht weit von der Küste und es kann die Lage in Folge dessen als günstig bezeichnet werden. Auch sind die Lagerungsverhältnisse sehr vortheilhaft. Die Schichten fallen bei einem Streichen von N. 70—80° W, unter einem Winkel von nur 3—5° nach S.W. hin ein. Verwerfungen sind wohl vorhanden, doch nur von sehr geringem Betrage. Es sind 6 Flötze zu nennen, von denen die 3 abbauwürdigen 8', 2' und 5—7' Mächtigkeit haben. Die Gesammtmächtigkeit der zugehörigen Schichten beläuft sich auf 2000.' Das Kohlen führende System liegt hier direkt über Granit. Herr Inagaki, der das Kohlenfeld von Miike aufgenommen hat, veranschlagt den Vorrath auf 150,000000 Tons. Jedenfalls dürfte Miike für die Zukunft bessere Aussichten bieten, als die durch Verwerfungen und durch den Meeresboden abgeschnittenen Kohlenlager von Takashima.

Ausser den angeführten beiden Kohlengruben hat Kiushiu noch eine ganz erstaunlich grosse Anzahl aufzuweisen, von denen allerdings nur wenige specielle Erwähnung verdienen.

An der Westküste von Amakusa liegt in grosser Nähe der Küste eine ganze Reihe von Kohlengruben; es sind hier Flötze von über 4' Mächtigkeit vorhanden. Die Kohle ist ein Anthracit. Parallel der Küste und die Kohlenausbisse begleitend verläuft auf nicht weniger als 18 Kilom. Länge ein Gang weissen Quarztrachytes (Quarzporphyrs?). Es ist anzunehmen, dass dieser Gang verändernd

---

*) Die Flötze haben von Tage aus ein Fallen bis 30°, verflachen sich jedoch der Tiefe nach bis 10°, nehmen sogar weiterhin eine söhlige Lagerung an.

auf die Kohle eingewirkt hat. Die Schichten auf Amakusa sind durch steiles Einfallen ausgezeichnet (40—60°).

An der Nordküste von Kiushiu liegt das durch seinen Kohlenbergbau seit alter Zeit berühmte Karatzu.

Durch grosse räumliche Ausdehnung und flache Lagerung der Schichten ist das Kohlenfeld von Chikuzen-Buzen ausgezeichnet. Nach einer Mittheilung des Fukuokaken soll es hier gegenwärtig nicht weniger als 600 Bergwerkseigenthümer geben!

Mehrere der Kiushiu-Kohlengruben sind seit über 100 Jahren in Betrieb. So ist in Karatzu ein nicht unbeträchtlicher Theil des Kohlenvorrathes bereits abgebaut. Es sind die zahlreichen am Binnenmeere gelegenen Salzgärten, die schon seit Langem einen Bedarf für Kohle hervorgerufen haben.

Die Kohlenvorkommnisse von Kiushiu treten innerhalb eines breiten Streifens auf, der mit Amakusa beginnt und, den nordwestlichen Theil der Insel umfassend, bogenförmig herumzieht bis Shimonoseki. Weil die Lagerungsverhältnisse in den verschiedenen Theilen dieses Streifens sehr verschieden sind, ist anzunehmen, dass Kohlen verschiedenen Alters vorkommen. Alle Kohlengruben dieser Gegenden haben eine glänzende Zukunft. Einmal ist es nämlich das Emporblühen des Verkehrs und der Industrien in den Binnenmeerprovinzen und in den westlichen und nördlichen Theilen von Kiushiu, die sämmtlich den Vortheil einer reich gegliederten Küste geniessen, was gerade hier eine rapide Steigerung des Bedarfes veranlasst; anderseits ist es aber die grosse Nähe von China. Takashima sowohl wie Miike exportiren jetzt bedeutende Mengen von Kohlen nach den nächsten Häfen des Continentes, und dieser Export wird fortdauern, so lange der grosse Nachbar nicht ernstlicher an die Ausnützung seiner eigenen enormen Kohlenvorräthe denkt, als es jetzt der Fall ist.

Unter allen kleineren Kohlengruben, die zwischen Kiushiu und Jesso gelegen sind, nimmt die Braunkohlengrube von Aburato den ersten Platz ein. Die Production beträgt hier etwa 165 Tons pro Monat. Das Bergwerk gehörte bis vor Kurzem der Regierung, ist aber ganz neuerdings an einen Privatmann verkauft worden. Die Schichten zeigen einen Einfallswinkel von 48° bei einem Streichen von N. 50—53° O. Es sind zwei Flötze vorhanden, die abgebaut werden, wovon das hangende etwa 4' gute Kohle hat. Verbrauch findet die Kohle von Aburato in den Goldgruben von Sado und in den Silbergruben von Inai; sie wird auch viel nach Niigata geschafft, um hier für verschiedene Zwecke, besonders für die auf dem Flusse und an der Küste laufenden kleinen Dampfschiffe, verwandt zu werden.

Was nun die Kohlenvorräthe von Yesso anbelangt, so übertreffen dieselben nach Lyman's Darstellungen bei weitem das, was in Kiushiu geboten ist. Die Kohlenfelder kommen westlich von dem alten Berglande vor, das vom Cap Erimo bis zur La Perousestrasse hinaufzieht. Besonders sind es die von dem Ishikari bewässerten Gebiete, die derartige Reichthümer bieten.

Nach Lyman belaufen sich die Kohlenvorräthe Yesso's auf nicht weniger als 150000 Millionen Tonnen. Diese Schätzung beruht jedoch auf durchaus unwahrscheinlichen Voraussetzungen und schliesst ausserdem alle Kohlen ein, die bis zu 4000' unter dem Meeresspiegel vorkommen. Schon in Folge letzteren Vorgehens kommen natürlich Uebertreibungen zu Stande, da eine Tiefe von 4000' keinesfalls als eine im Kohlenbergbau im Allgemeinen erreichbare bezeichnet werden kann. Die von Lyman und seinen Assistenten näher untersuchten und aufgenommenen Gebiete umfassen ein Oberflächenstück von 17 engl. ☐ Meilen. Lyman berechnet die Kohlenmenge, die unter diesem Oberflächenstück vorhanden sein muss, er stellt weiter den Mittelwerth der Kohlenmenge pro ☐ Meile Oberfläche fest und multiplizirt dann den so erhaltenen Mittelwerth mit 5000, weil nach ihm das Areal des kohlenführenden Systems etwa 5000 ☐ Meilen umfasst. Diese Art der Berechnung ist zu kühn, um praktischen Bedürfnissen genügen zu können. Wir müssen bedenken, dass die Schichten des Horonaisystems gefaltet sind, und in gefaltetem Gebirge lässt sich doch die Voraussetzung des Gleichbleibens der Verhältnisse auf grössere Erstreckung hin am allerwenigsten machen. Ich bin der Ueberzeugung, dass die jetzt vorliegenden Aufnahmen von Yesso selbst für eine rohe Schätzung der Kohlenvorräthe der ganzen Insel noch nicht genügen.

In den letzten Jahren hat sich die Regierung mit besonderem Eifer der Erschliessung der Poronai-Kohlenvorräthe zugewandt. Das O.N.O. von Sapporo gelegene Poronai ist neuerdings durch eine Eisenbahn mit letztgenanntem Orte verbunden worden, und so werden jetzt die Kohlen von Poronai über Sapporo bis Otaru (Rhede) gebracht, um an diesem Orte hauptsächlich an die Mitsubishi-Dampfschifffahrtsgesellschaft verkauft zu werden oder Verschiffung nach Hakodate zu finden. Zur Zeit beträgt die Tagesproduction in Poronai nur 100 Tons. Die Kohle geniesst einen sehr guten Ruf, soll sogar der Takashimakohle, die sonst immer als die beste in Japan gegolten hat, vorzuziehen sein.

Wahrscheinlich werden die Poronai-Kohlengruben an die zweite von der Regierung unterstützte grosse Kiyodo-unyu-Kaisha (Packetfahrt-Actien-Gesellschaft) übergehen.

Es ist nicht zu leugnen dass die Kohlenvorkommnisse von Yesso

Tab. 1. **Typische Kohlen aus Japan.**

| No. | Ort | | | Art der Kohle | Wasser | Flüchtige Substanz | Coke | Beschaffenheit der Coke | Asche | Farbe der Asche | C. | K. | O. | N. | S. | H. | Wärme-Einheiten | Specif. Gewicht |
	Provinz	Kori	Dorf	Mine														
1	Hizen	Nishisonoki	Takashima		Steinkohle	1.08	43.07	52.50	gut	3.35	hellroth	76.84	5.07	12.23	1.40	0.13	3.54	6855°	1.332
2	Higo	Amakusa	Kamitsusukae	Kohe	Anthracit	1.46	11.12	81.86	pulvrig	5.56	roth	85.28	3.86	0.86	0.56	1.32	3.74	8072	1.381
3	Ki	Higashimuro	Hitari	Manzai		2.40	5.48	90.09		2.03	hellroth	88.44	2.82	3.65	0.07	0.59	2.36	7705	1.466
4	Hitachi	Taga	Azuhata	Kurumazaki	Braunkohle	16.15	38.49	36.12		8.94	weiss	53.55	3.81	16.41	0.49	0.65	1.76	3814	1.389
5	Kotsuke	Kataoka	Notsuke	Jabami		12.00	42.75	35.25		9.10		49.71	4.28	23.08	0.42	0.53	1.10	3254	1.404
6	Ishikari	Sorachi	Ponotai		Steinkohle	3.80	46.17	47.57	gut	2.46	hellroth	69.34	5.16	16.75	0.42	0.07	3.82	6305	1.254

Tab. II.

Japanische Kohlen-Production.
Juli 1880   Juni 1881.

Name des Ken	Anzahl der Gruben	Name der Hauptgruben	Producirte Menge Kohlen in Tons
Akita	1		11.181
Fukushima	3	Shiramizu	1171.725
Wakayama	2	Kobune	2523.785
Jehime	5	Shiozushima	6918.262
Aichi	11		485.690
Jamagata	1	Aburato	5.766
Niigata	5	Akadani	861.644
Ibaraki	2		671.666
Nagano	2		5.885
Gumma	14	Nottouke, Annaka	5548.308
Miye	1		73.900
Tokushima	1		133.928
Hiroshima	2		180.617
Jamoguchi	16	Funaki	46445.351
Fukuoka (mit Ausnahme von Miike)	294	Shinnin Naogata etc.	163716.389
Kumamoto	75	Amakusa	24373.559
Nagasaki (mit Ausnahme von Takashima)	336	Karatsu	228538.708
Summe	771		481166.364
Takashima	1		231839.000
Miike	1		172701.190
Im Ganzen	773		885706.554

denen von Kiushiu gegenüber manche Nachtheile bieten. Während im Süden die Gruben fast alle ziemlich dicht am Wasser gelegen sind, bedarf es in Yesso, wenn man von den weniger bedeutenden, in der Nähe des Meeres gelegenen Gruben wie Kayanoma etc. absieht, der Anlage der Eisenbahnen, der Markt liegt nicht in so grosser Nähe der Gruben, und die Lagerungsverhältnisse legen dem Abbau mehr Schwierigkeiten in den Weg. Ist doch das Einfallen durchgängig ein verhältnissmässig steiles.

Ueber die Beschaffenheit der wichtigsten japanischen Kohlen wird die nebenstehende aus dem chemischen Laboratorium der geologischen Reichsanstalt hervorgegangene Tabelle 1 Aufschluss geben. —

Nach Tabelle II beträgt die mittlere Production einer Grube ungefähr 1150 Tons. England hat ungefähr 4000 Kohlengruben mit einer Gesammtproduction von 134,000000 Tons, was eine mittlere Production von 33500 Tons pro Grube ergiebt, d. i. 30 mal so viel als in Japan. Nun bringen aber die zwei grössten Kohlengruben Takashima und Miike zusammen beinahe halb soviel hervor als die Production überhaupt beträgt. Wir müssen also bei Berechnung der durchschnittlichen Production die beiden genannten Gruben ausser Acht lassen, wenn es sich darum handelt, einen Anhalt zur Beurtheilung der herrschenden Verhältnisse des japanischen Kohlenbergbaues zu gewinnen. Die 770 Gruben produciren zusammen 479530 Tons, also kommt auf die einzelne Grube eine Durchschnittsproduction von nur 623 Tons pro Jahr, oder von noch nicht 2 Tons pro Tag!

Die Production von Takashima sowohl wie von Miike übersteigt dagegen die Durchschnittsproduction englischer Gruben um Bedeutendes. —

II. Abschnitt.

Eruptivgesteine.

Nächst den archäisch-paläozoischen Sedimentärmassen nehmen Granite den wichtigsten Antheil am Aufbau der japanischen Gebirge. Ganze Bergstöcke und Bergzüge bestehen aus diesem Material. Und die Berge, die der Granit aufgebaut hat, steigen zu gewaltiger Höhe an; gehören doch granitene Gipfel wie der Komagatake in Kai mit 3000 m., der Komagatake in Shinano mit 2366 m., der Iide mit 2136 m. und der Asahi mit 1958 m. zu den höchsten des Landes.

Die Massen des Granit treten in verschiedenen Formen auf. Bald sind es, wie in dem vom Asahidake gekrönten Gebiete scharfe Rücken, von finsteren Thälern begleitet, kegelförmige oder selbst nadelförmige Gipfel, durch die der eigenthümliche Charakter des granitenen Gebirges hervortritt, bald sind es breite, plumpe Massen

(Suganedake). Im Süden bildet der Granit lange, stark zerfurchte und der Zersetzung anheimgefallene Züge oder Hügelgelände.

Es liegen in Japan Granite verschiedenen Alters vor, aber bei weitem die Hauptmasse der an der Oberfläche hervortretenden Granitgesteine ist erst mit Schluss der paläozoischen Aera oder mit Beginn der mesozoischen aufgedrungen. Den Beweis hierfür liefern sowohl zahlreiche Gänge von Granit in Schichtenmassen der paläozoischen Gruppe als auch Einschlüsse von Grauwacke, Sandstein und dergleichen in Granit und Umwandlungen der alten Sedimentärgesteine durch Granit.

Gänge von Granit in den Gesteinen der paläozoischen Systeme sind besonders in Chiugoku vielfach beobachtet worden. Eine interessante Granitdurchbrechung constatirte ich u. A. in dem alten Gebirge von Quanto. Contactmetamorphosen treten fast überall da auf, wo Granite das alte Schiefergebirge überragen. So nehmen die Thonschiefer in der Nähe des Washigasu ein mehr phyllitartiges und dann in noch grösserer Nähe des Granites ein ganz krystallinisches Gepräge an. Zwischen Oguchi und Yamada beobachtet man in der Nähe der Granitgrenze Fruchtschiefer, glimmerige bis gneissartige Schiefer, glimmerige Grauwackenschiefer etc. Nach Ban ist im Kitakamibergland auf der westlichen Seite der Granitmasse bei Surisawa Bergkalk in einen grobkörnig krystallinischen Kalkstein umgewandelt, während der Thonschiefer stark glimmerig geworden ist. Auch auf der anderen Seite hat der Kalk eine derartige Umwandlung erfahren.

Diese Erscheinung, dass der Bergkalk oder andere Kalke der paläozoischen Systeme durch Granit in krystallinischen Kalkstein umgewandelt sind, wiederholt sich öfter, und ist dieser Art Metamorphismus das Vorkommen guten Bildhauermarmors an verschiedenen Punkten zuzuschreiben. Zuweilen finden sich noch interessantere Contactmetamorphosen, indem der Kalkstein hie und da faserigen Wollastonit führt, dessen Entstehung gleichfalls dem Empordrängen von Graniten zugeschrieben werden muss. Solche Wollastonitvorkommnisse trifft man z. B. zu Komono in Ise und am Ishiyama bei Kiyoto, auch am Otokoyama bei Uminokuchi, Prov. Shinano.

Für das jüngere Alter der Granite sprechen schon die äusseren Formen. Es würde schwer sein, sich die hohen Granitberge als Hervorragungen des Fundamentes der alten geschichteten Gesteine vorzustellen, selbst wenn die vorstehend erwähnten Gänge, Contacterscheinungen und Einschlüsse nicht bekannt wären.

So wie der Urgneiss an der Oberfläche eine nur ganz untergeordnete Rolle spielt, so scheint auch der alte Granit fast überall von jüngeren Gebilden überdeckt zu sein.

Zu bemerken ist, dass einige paläozoische Conglomerate, die dem obersten Theile der Schichtenreihe zugehören, Einschlüsse von Granit aufweisen. Es können wohl schon während der paläozoischen Aera Graniteruptionen stattgefunden haben; soviel steht aber fest, dass die Hauptmassen der Gesteine erst mit Schluss der paläozoischen Aera, nach Bildung des sedimentären Grundgebirges, ans Tageslicht traten.

Was den Gesteinscharakter betrifft, so bilden Muscovitgranit, eigentlicher Granit (mit beiderlei Glimmer), Turmalingranit, Schriftgranit nur beschränkte Vorkommnisse. Dagegen haben die durch Biotit und Hornblende ausgezeichneten Varietäten eine ausserordentlich weite Verbreitung. Granitit und Biotit führender Hornblendegranitit sind am häufigsten. Auch Amphibolgranitit tritt nicht selten auf. Durch eine eigenthümliche Beschaffenheit zeichnen sich die meisten Granite von Chiugoku aus. In ihnen bildet Quarz nicht das Skelett, wie es in der Regel der Fall ist; es finden sich vielmehr in einer krystallinisch-körnigen bis compacten Grundmasse ringsumschlossene Krystalle von Quarz.

Syenite spielen eine sehr untergeordnete Rolle.

Von grossem petrographischen Interesse ist in Folge der vielen Gänge das vom Kitakamigawa östlich gelegene Gebiet, das sowohl Diabase, wie Diorite aufweist, ausser den in grossen Massen auftretenden Graniten. Unter den Dioriten treten die Quarzdiorite als besonders wichtig hervor. Dioritgesteine bilden hier übrigens deutliche Durchsetzungen mesozoischer Schichten, wodurch ein Hinweis geboten erscheint auf das verhältnissmässig späte Empordringen vieler Diorite, die im Kitakamiberglande, nördlich von dem mesozoischen Bezirke nur in den alten Sedimentärgesteinen aufsitzen.

Ein Dioritvorkommen (Senamigawa, Ishikawagori Kaga) verdient der ausgezeichneten Titanitführung wegen hervorgehoben zu werden.

Diabase sind in dem nördlichen Theile der Hauptinsel ziemlich verbreitet. Sie scheinen meist älter zu sein als die Granite, wenn man auch hier und da Diabasgängen in Granit begegnet. In den paläozoischen Systemen finden sich nicht selten Einlagerungen von Diabastuffen u. Schalsteinen, und es dürften die Haupteruptionen des Diabases während des ersten Theiles der paläozoischen Aera erfolgt sein.

Mächtige Ergüsse von Porphyriten und Quarzporphyr zeigen sich in Chiugoku. Beide sind nach Bau jünger als der Chiugokugranit. Die Porphyrite sind theils Diabasporphyrit, theils Dioritporphyrit.

Das Studium der vulkanischen Gesteine verspricht hochinteressante Resultate. Herr Yamashita hat sich der mikroskopischen Untersuchung der vulkanischen Gesteine unterzogen und wird, da die Untersuchungen noch nicht vollendet sind, erst später über diesen anziehenden Gegenstand berichten. Ich muss mich hier auf die Anführung der bis jetzt erzielten wichtigeren Resultate beschränken.

Durch die grössten Massen vulkanischer Gesteine ist derjenige Theil der Hauptinsel ausgezeichnet, der nördlich von einer von der Fujikawamündung nach Tsuruga gezogenen Linie liegt, also der nördliche Flügel der Hauptinsel. In den mittleren Theilen des Landes, auf Chiugoku, auf Shikoku und im Binnenmeere bilden vulkanische Gesteine eine Seltenheit, auf der Kishiuhalbinsel fehlen sie sogar ganz. Dagegen treffen wir auf der südlichsten der grösseren Inseln, auf Kiushiu, wieder auf Eruptivmassen in ziemlich bedeutender Ausdehnung.

Das durchaus am weitesten verbreitete Gestein ist Andesit, der nun allerdings wieder in sehr verschiedenen Typen entwickelt auftritt. Man ist nicht selten in Verlegenheit, ob man das fragliche Gestein zu den Andesiten oder zu den Basalten stellen soll, um so mehr als schon mehrere Gesteine dieser Art als Basalte beschrieben worden sind. Ganz unzweifelhafte Basalte kommen in der nordwestlichen Ecke von Kiushiu vor, aber die olivinhaltigen und olivinfreien Augit-Plagioklasgesteine von Nordjapan scheinen mir eine Gruppe zu bilden, die besser zu den Andesiten gestellt werden dürfte als zu den Basalten.

Eine Gruppe höchst interessanter vulkanischer Gesteine, denen ich auf meiner letzten grössten Reise zuerst begegnete, gewinnt insofern an Bedeutung, als sie durch eine ziemlich bestimmte Abgrenzung ihres geographischen Verbreitungsbezirkes ausgezeichnet erscheint. Quarz führende Augitandesite, durch viel bräunliche Glasmasse ausgezeichnet, scheinen an die Gegenden des Binnenmeeres gebunden zu sein. Ganz genau dasselbe Gestein finden wir am Jusyama in Sanuki und am Kabutoyama bei Ozaka. Compacte Gesteine von dunkelgrauer bis schwarzer Farbe, durch muscheligen Bruch und etwas glasige Beschaffenheit ausgezeichnet, müssen gleichfalls hierher gerechnet werden. Sie klingen so schön und rein wie Metall und verdienen daher den Namen Andesit „Klingstein", wie sie ja auch in der Inlandsee vom Volke Kaukanishi (was ungefähr so viel bedeutet wie Klingstein) genannt zu werden pflegen. Der Andesitklingstein tritt an verschiedenen Punkten von Sanuki, auf Shodzushima u. s. w. auf, und wir finden ihn sogar in der Fortsetzung des Binnenmeeres westlich von Saga.

In der nördlichen Hälfte von Kiushiu sind Hornblendeandesite ziemlich verbreitet.

Von den vulkanischen Gesteinen Nordjapans unterscheiden sich die Gesteine der Vulkane Mitake, Hakusan, Norikura, Tateyama

Morato in sehr eingreifender Weise. Es sind Augitandesite mit Hornblende und manchmal auch mit etwas Biotit. Glasbasis ist vorhanden.

In einem Falle (Hakusan) fand ich etwas Quarz.

Wir werden später sehen, dass die obengenannten Vulkane, das Binnenmeer und der in der westsüdwestlichen Fortsetzung des Binnenmeeres fallende Theil von Kiushiu einer fortlaufenden Zone angehören. Die Andesite des Binnenmeeres zeigen allerdings bedeutende Verschiedenheiten gegenüber dem Hornblendeandesit von Kiushiu und dem der vorgenannten Vulkane. Es hat aber trotzdem den Anschein, als ob sie zu letzteren in einer sehr innigen Beziehung ständen.

Dacit tritt nur in sehr untergeordneter Weise auf. Er bildet übrigens beiläufig in der Mitte der Hauptinsel mehrere Vulkane (Koasama, Hanareyama, Haruna).

Quarztrachyte sind in besonders ausgedehnten Massen in der Umgebung des Kessels von Aidzu verbreitet.

Es erscheint mir besonderer Erwähnung werth, dass, was Nordjapan betrifft, die chemische Untersuchung eine sehr auffallende Uebereinstimmung der Zusammensetzung vieler weit von einander gelegener Gesteinsvorkommnisse einschliesslich der den Vulkanen angehörigen erwiesen hat. Hierdurch wird es wahrscheinlich, dass die vulkanischen Ausbrüche und die vulkanischen Erscheinungen in Nordjapan überhaupt in einer grossen zusammenhängenden Spalte ihren Ursprung nehmen.

So dürftig die vorstehenden Notizen über Eruptivgesteine erscheinen mögen, so wenig sehe ich mich augenblicklich, wo der Congress nahe bevorsteht, in der Lage, den Gegenstand einer ausführlicheren Behandlung zu unterziehen. Der vorstehende Abschnitt ist gerade derjenige, der erst zuletzt niedergeschrieben werden konnte. Es möge nur noch eine Beobachtung Erwähnung finden, die ich so glücklich war im Jahre 1881 auf dem Gipfel des Moriyoshi durchführen zu können. — Auf einer Art Plattform, die östlich vom Gipfel des Berges liegt und mit grossen Augitandesitlavablöcken übersäet ist, fand ich einen Block, der sich ganz ausserordentlich stark magnetisch erwies. Die Dimensionen des Blockes betrugen 1,9—1,5 met. An keinem der in der Nähe gelegenen Blöcke liess sich eine ähnliche Erscheinung wahrnehmen; alle die zahlreichen Lavaklötze, die auf der Plattform ausgestreut lagen, zeigten mit Ausnahme des einen Blockes nicht die Spur von Magnetismus. Der magnetische Block aber beeinflusste die Nadel in energischster Weise, sodass die letztere bei einer Annäherung des Compasses an den Block manchmal einen Winkel von nicht weniger als $155°$

beschrieb. Abgebrochene Fragmente zeigten sehr deutlich polaren Magnetismus und noch kürzlich ergab eine Prüfung der alten Handstücke, dass dieselben noch deutlich magnetisch sind und zwar ebenso stark magnetisch wie ehemals.

III. Abschnitt.
Bau der Inseln.

Dort, wo jetzt die Brandungswelle gegen die steilen Felsenkliffe der japanischen Inselkette andonnert oder wo sie sich an einer von Dünen umsäumten Flachküste bricht, dort, wo jetzt aus wild zerfurchtem Gebirge stolze Gipfel aufragen und auf das Spiel der Wellen niederschauen, dort lag einst das tiefe unergründliche Meer. Und seitdem das geworden, was jetzt ist, haben sich auf demselben Schauplatze schwere Kämpfe ereignet, und wiederholt hat das Meer einen grossen Theil der Inseln erobert. Aber so lang und verwickelt die Reihe gewaltiger Naturerscheinungen auch sein mag, die das Inselland in seine jetzige Form hineinzwangen, das Oberflächenbild ist kein charakterloses; es zeigt die von dahingegangenen Zeitaltern eingegrabenen Spuren noch immer in wunderbar deutlicher Erhaltung. Hat auch das Wechselvolle der Einwirkungen der Physiognomie einen etwas greisenhaften Ausdruck verliehen, diese Physiognomie weiss so viel zu erzählen von den durchgreifenden inneren Vorgängen, dass wir uns zu ihr hingezogen fühlen, wenn wir einmal ihre Bekanntschaft gemacht haben, um sie immer und immer wieder zu befragen.

Schon die äusseren Umrisse verkünden die Grundzüge des Baues, dann die grösseren Flüsse — sie folgen in vielen Fällen dem Laufe grosser, im inneren Gefüge begründeter gerader Linien — und zuletzt die Massen — sie zeigen nach Form und Vertheilung einen gewissen regelmässigen Zuschnitt, ein eigenartiges Relief, das nach zwingenden, allgemeinen Gesetzen entstanden. Doch liegt es noch wie ein Schleier über den Gebirgen; zum Verständniss all der grossen Linien führt erst die Enthüllung der an die Oberfläche tretenden Gesteine und Formationen, und da zeigen sich denn ganz wunderbar innige Beziehungen zwischen Form und Gefüge, so dass es als Umweg erscheinen müsste, wollten wir der Betrachtung des inneren Baues ein besonderes Capitel über die äusseren Formerscheinungen vorangehen lassen.

Die durch das Eingreifen des Meeres bedingte Gliederung des Insellandes steht zwar mit dem Gefüge in einem gewissen Zusammenhange, doch hat die Küstenlinie für die Beurtheilung der

Verhältnisse des inneren Baues nicht viel mehr Bedeutung, als das Bild solcher, dem Lande und ein und demselben Horizonte angehöriger Niveaucurven, die noch tief genug liegen, um alle Hauptheile des Insellandes zu umfassen. — In der Tsugarstrasse ist allerdings eine tief einschneidende Trennung geboten, und das Binnenmeer füllt eine durch ganz besondere geologische Erscheinungen ausgezeichnete seichte Depression. Aber wie schon im letzteren Falle die Meeresgrenze ein durchaus unvollständiges, sogar trügerisches Bild gewährt (wir müssen uns nämlich das Binnenmeer nach W.S.W. verlängert denken, mitten durch Kiushiu durch; denn nur der aufbauenden Thätigkeit vulcanischer Kräfte ist es zuzuschreiben, dass sich hier fester Boden findet), wie die Kiihalbinsel, Shikoku und das mittlere Kiushiu ungeachtet der Meeresdurchbrüche ein fortlaufendes Ganze bilden, so liegt besonders für die continentale Seite des Inselbogens die Nothwendigkeit vor, den unter dem Meeresspiegel gelegenen Niveaucurven ein viel grösseres Gewicht zuzuerkennen, als dem Verlaufe der Küstenlinie. Hier und auf der Seite des japanischen Meeres, zeigt die 200 met. Curve ein sich vielfach wiederholendes Ein- und Ausbiegen. Der Körper des Inselbogens sendet eine ganze Reihe eigenartiger Fortsätze aus, die wie Rippen im äusseren Theile eine starke Einbiegung erleiden, so dass sich zwischen den Fortsätzen hornförmige Buchten einschieben. Diese Fortsätze sind sämmtlich nach N.O. hin umgebogen, und ihr Ansatz an den Rumpf erfolgt unter mehr oder weniger spitzem Winkel. Nach S.W. zu, nach Korea hin, nehmen diese Bildungen einen immer grösseren Maassstab an, während sie im N.O. von nur geringer Ausdehnung erscheinen. Dem entsprechend dürften die nach S.W. zu gelegenen buchtartigen Einschnitte die tieferen sein. Eine Senkung des Meeresspiegels im Betrage von etwa 70 Faden oder 128 met. würde übrigens bereits genügen, um die Landverbindung zwischen Korea und Japan über Tsushima wieder herzustellen. Auf der Aussenseite des Inselbogens steht der Verlauf der Küste in einer weit innigeren Beziehung zum innern Bau. Auffallende Bildungen sind auf dieser Seite die halbkreisförmigen oder kreissegmentförmigen Ausschnitte, wie sie sich besonders im südlichen Shikoku und zwischen Shikoku und Kii zeigen. Auf den submarinen zwischen Kii und Miaki hinziehenden Rücken ist schon an einer früheren Stelle hingewiesen worden.

Ein Blick auf die geologische Karte von Japan zeigt, dass die Gebilde des archäischen und des paläozoischen Zeitalters bei weitem die wichtigsten Bestandtheile sind, dass sie recht eigentlich die Grundmasse des ganzen Gebirges ausmachen und dass alles Uebrige nur spätere, verhältnissmässig untergeordnete Ausgüsse oder Ueberdeckungen derselben darstellt. Das archäisch-paläozoische Grundgebirge ist, wie bereits hervorgehoben, überall zu mächtigen und complicirten Falten gestaut, und offenbart sich bei einer allgemeinen Betrachtung dieser Faltungen das eigenthümliche Verhältniss, dass sich dieselben im nördlichen Theile von Japan dem Verlaufe des Inselbogens anschmiegen, dass sie im mittleren Theile quer zu dem Inselbogen liegen, im Norden aber wieder einen regelrechten Verlauf (d. h. einen Verlauf im Sinne der allgemeinen Streckung) zeigen Im Gefolge der Stauung und Faltung oder damit Hand in Hand gehend ereigneten sich grossartige Dislocationen; Abbrüche, Senkungen ausgedehnter Landestheile fanden statt — Risse wurden geöffnet, um den heissflüssigen Massen der Tiefe das Hervorquellen zu gestatten. Auf diese Weise erfolgte die Zerspaltung des Grundgebirges in eine Anzahl grösserer, mauerförmiger oder keilförmiger Stücke, deren Grenzen sich mit wenigen Ausnahmen noch auf das deutlichste an der Oberfläche verfolgen lassen. In sehr später Zeit ereigneten sich dann in gewissen Gebieten Zerstückelungen und Zertrümmerungen, durch das Einbrechen zahlreicher kleiner Theile bedingt; auch geschah es, dass grössere Einbrüche von kesselförmiger Begrenzung sich bildeten, und die so durch das Zerbrechen der Schollen erzeugten neuen Answege benutzend oder auch alten Klüften folgend drangen die vulcanischen Gesteine nach oben. So hat die Natur selbst eine innere Zertheilung, eine innere Gliederung erzeugt, und dieser natürlichen Gliederung folgend werde ich im Folgenden eine geographisch-geologische Eintheilung des Landes vorzunehmen versuchen.

Wenn man auf dem Wege von der Westhauptstadt zur Osthauptstadt, von Saikio nach Tokio, dem Nakasendo folgend die Provinz Mino durchschneidet, so tritt man im östlichen Theile genannter Provinz in ein Granitgebiet ein. Dem Kisogawa aufwärts folgend gewahrt man rechter Hand einige grosse Gipfel, den Enasan (2240 met.) und weiter nach Norden den Komagadake (2366 met.). Der hohe Granitzug, dessen Emporragungen die genannten Berge sind, gehört einer fast das ganze Land durchschneidenden alten Narbe an; sie beginnt südlich in Mikawa als breites bis 600 met. hohes Hügelland, steigt dann in der Kette des Enasan und Komagadake zu bedeutender Höhe an, schnürt sich im mittleren, sattelförmig gesenkten Theile bedeutend zusammen und wächst dann wieder neben den mächtigen Vulcanen Mitake, Norikura u. s. w., in leichten Biegungen nordwärts ziehend, zu ansehnlichen Massen. Bis an diese Granitnarbe heran behält die W.S.W. Streichrichtung ihre Geltung. Die Narbe reicht im Süden nicht bis zur Küste hinunter, wird hier vielmehr durch krystallinische Schiefer unterbrochen, die ebenso wie die paläozoischen Schichten der südlich von den krystallinischen Schiefern gelegenen fussförmigen Halbinsel immer noch die erwähnte Stellung zeigen. In dem zwischen Temiugawa und Fujikawa gelegenen grossen Gebirgsklotz, der hauptsächlich aus paläozoischen Gesteinen zusammengesetzt ist und dessen höchster Gipfel (Okaishi) nicht weniger als 3100 met. beträgt, stossen wir bereits auf ganz andere Verhältnisse der Schichtenstellung. Im nördlichen Theile dieses Klotzes, der unten im Süden mit breiter Basis, aber geringeren Höhen an der Küste beginnt und der sich nach oben gegen den Suwasee hin unter bedeutendem Anwachsen der Höhen auskeilt, haben die Schichten ein nahezu nordsüdliches Streichen, während sie im südlichen Theile, gegen die erwähnte fussförmige Halbinsel hin, in die W.S.W. Richtung einlenken. Nun zieht ein grosser, breiter Graben von Hakone aus in der Richtung N. 25° W. bis an die entgegengesetzte Küste. Aus dieser, ganz unerwartet regelmässige Verhältnisse aufweisenden, langgestreckten Einsenkung sind zahlreiche Vulkane hervorgewachsen, die in vieler Hinsicht eine Abhängigkeit von dem Verlauf der genannten Grabensenkung bekunden. So liegt die grosse Achse des elliptischen Einsturzkraters von Hakone in dieser Richtung, so ordnen sich auch die einzelnen Vulkangipfel, die innerhalb dieses Einsturzkraters liegen, in der angezeigten Weise. Der Hoyesan, der Zeuge des letzten grossen Fujiausbruches von 1707, ein kleiner parasitischer, durch Seitenausbruch entstandener Kegel, liegt S.O. vom Fujigipfel. Ferner streckt sich der Vulkanzug Yatsugadake (2763 met.) — Tateshina (2591 met.) genau in der Richtung des Grabens. Die am nordwestlichen Ende der langen Senkung gelegene Vulkangruppe Kurohime (2095 met.) — Miokosan — Yakeyama zeigt das Abhängigkeitsverhältniss weniger deutlich. Aber zu beiden Seiten dieser Gruppe liegen niedrige Passübergänge, durch welche dargethan wird, dass auch in diesem Theile eine breite Lücke des älteren Gebirges vorhanden ist. In der südöstlichen Verlängerung des Grabens liegt die Vulkaninsel Ooshima. Auch hier sind die Eruptionskanäle ziemlich genau längs einer Linie geordnet, die in die Richtung N. 30° W. fällt; die ganze Insel streckt sich in dieser Richtung, und ein alter Krater, in den das Meer eingedrungen ist, liegt an der südöstlichen Spitze. Die Vulkane der Amagigruppe weisen wohl eine lineare Anordnung auf, aber der Spaltenweg, der sich durch ihre lineare Anordnung verräth, fällt nicht in die Grabenrichtung, liegt vielmehr quer zu derselben.

Alte Eruptivgesteine künden an, dass die Grabenbildung von hohem Alter ist. Von besonderem Interesse erscheint hier der romantische Granitstock des in kühn gezackten Formen hoch aufragenden Kimposan nördlich vom Fujiyama; die nordöstliche Grenze dieses Granitgebietes fällt nämlich mit der Grabengrenze zusammen. Dioritzüge finden sich im nordwestlichen und im südöstlichen Theile des Grabens; in ersterem Falle folgen sie der herrschenden Richtung, in letzterem bilden sie einen mit dem Fuji concentrischen Kreisbogen, wobei sich die höchst auffallende Erscheinung zeigt, dass die Streichrichtungen der am westlichen Fusse des Fuji gelegenen tertiären Ablagerungen gleichfalls einen solchen concentrischen Kreis bilden. Was die Stellung der sonst vorkommenden Tertiärschichten betrifft, so zeigen dieselben im unteren Theile des Grabens allerdings eine Faltung durch Kräfte, die senkrecht zu der N. 25—30° W. Richtung wirksam gewesen sein müssen, doch ist dies mit dem Tertiär von Shinano nicht der Fall, obwohl die Gewölbe hier etwas windschief verrrückt erscheinen. Alle Tertiärablagerungen, jedenfalls die ausserhalb des Grabens liegen, mit Ausnahme derer auf der Uragahalbinsel und in Kadzusa, lassen einen Parallelismus ihrer Schichten mit der Grabenachse nicht erkennen.

Wir haben bereits verschiedene Gebirgstheile kennen gelernt, die gewiss zu den interessantesten gehören, die der japanische Archipel aufzuweisen hat und die für das Verständniss der Structurverhältnisse von grösster Tragweite erscheinen: eine alte, noch nicht ganz geheilte Narbe und eine tief einreissende, noch blutende Wunde, zwischen beiden eine mächtige Anschwellung, die bedeutendste im ganzen Lande. Es ist als hätten wir hier zwei grosse Risse, die von einem an der Innenseite des Inselbogens und — wohl bemerkt — in der Gegend seiner stärksten Krümmung gelegenen Punkte ausstrahlen. Die erwähnte Anschwellung füllt nun keineswegs das von den beiden Rissen eingeschlossene spitze Dreieck ganz aus, erscheint vielmehr auf den unteren Theil dieses Dreiecks beschränkt. Nach der Spitze zu treten auf der Ostseite der Narbe paläolithische Schichten zu Tage, die bemerkenswertherweise noch ziemlich genau der Streichrichtung des Inselbogens folgen, während in dem hohen Gebirge des Akaishi die N.S. Richtung herrscht mit Umlenkung in die W.S.W. Richtung im südlichen Theile.

Der Suwasee liegt am Südwestrande des Grabens und ungefähr in der Mitte der Insel. Er schüttet sein Wasser in das Bett des Temiugawa, und dieser trägt es hinunter ins Meer, erst ruhig im mächtig breiten Thale zwischen prächtigen Terrassenbildungen sehr mächtiger Diluvialgeröllablagerungen hinfliessend, dann aber einschneidend in das Mark des Gebirges, über schäumende Stromschnellen von Stufe zu Stufe stürzend. Es ist eine wilde Fahrt dieses Stück Fluss hinunter auf einem der langen, von

sicheren Händen gelenkten Boote, und man hat kaum Zeit genug
bei dem fortwährenden Untertauchen in Wellenschaum den Felsen-
thoren, den Bergriesen zur Seite, den Pyramiden kühn übereinander-
gethürmter, gewaltiger Blöcke und den freundlich, aber uns im
Fluge grüssenden Dörfern die gebührende Bewunderung zu zollen.
Von dem Suwasco bis in die Gegend von Ida hin muss sich einst
ein schmales, lang von Nord nach Süd gestrecktes Seebecken ausgedehnt haben, in dem sich die Diluvialgeröllmassen anhäuften;
erst spät wurde der gerade Ausweg nach dem nahen Ocean erobert. Der Tenriugawa gehört zu den bedeutendsten Flüssen des
Landes; er bildet die Westgrenze des „Akaishisphenoids", wie wir
den in seiner ganzen Gestalt keilförmigen Gebirgsklotz nach seinem
höchsten Gipfel nennen wollen.

Wenn man von Kaminosuwa aus auf einer richtigen Karte
eine gerade Linie nach der Mündung des Tenriugawa zieht, so
fallen in diese Linie eine ganze Anzahl kleiner Flussläufe, deren
Wasser sämmtlich den Tenriugawa speisen. Der obere Tenriu
empfängt die Zuflüsse des Akaishisphenoids aus zwei von O. herein-
laufenden Thaleinschnitten, die etwa 10 Kilom. von ihrer Ein-
mündung abschneiden, um die Wasser je zweier rechtwinklig an-
setzender Seitenthäler aufzunehmen, sodass also in jedem der beiden
Fälle die Thalwege eine T Form nachahmen. Die Seitenthäler fallen
fast ganz genau in die angegebene Linie, wie überhaupt bei Betrachtung einer Specialkarte, die von der geologischen Aufnahme
ausgeführt worden ist, ein fortlaufender, ganz auffallend
geradliniger Einschnitt von nicht weniger als 120 Kilom. Länge
mit den beiden angegebenen Orten: Kaminosuwa und Tenriu-
mündung als Endpunkten sofort auffallen muss. Dieser Einschnitt
bezeichnet im nördlichen Theile die Grenze zwischen Gneiss und
krystallinischen Schiefern und ist jedenfalls durch Abbruch entstanden; zum mindesten dürfte es Schwierigkeiten unterliegen,
die Bildung auf andere Weise zu erklären.

Das Nebeneinander der Systeme ist nun ein seltsames: Auf
der Westseite der oben beschriebenen Dislocationslinie beginnt eine
schmale Zone von Gneiss mit nordsüdlichem Streichen und westlichem
Fallen; darauf folgt nach O. zu eine im nördlichen Theile sehr schmale
Zone krystallinischer Schiefer mit mehr N.O.N. Streichen und mit
Fallen W. oder O. Weiter beobachtete man in grosser Nähe der Grenze
der krystallinischen Schiefer Hornstein, grüne Schiefer, Thonschiefer,
Radiolarienschiefer, Kalkstein; Streichen unten N.O., oben N.S.,
Fallen O. Diese Gebilde haben wir oben als Repräsentanten einer
jüngeren Abtheilung der palaeolithischen Gruppen kennen gelernt.
Nun folgen in der Mitte des Gebirges und in den höchsten Theilen

grosse Massen von Grauwacken und Thonschiefern, die älter sein dürften als die vorhergehend erwähnten. Auf der Ostseite zeigen sich Granit und Diabas; in den unteren Niveaus treten anlagernd grüne Tuffe auf, und weiter südlich zeigt sich mit Thonschiefern, grünen Schiefern u. s w. vergesellschaftet wieder Kalkstein. Es liegt hier, glaube ich, die Nothwendigkeit vor, Zerspaltungen in mauer- oder keilförmige Stücke, verschiedengradiges Absinken dieser Klötze, Abrasion und Faltung anzunehmen.

In der Region der grössten Krümmung des Inselbogens treten, wie gezeigt wurde, grosse, querlaufende Risse auf und ausser diesen Rissen zeigen sich noch gewaltige Absenkungen, deren Grenzen gleichfalls quer verlaufen. In dem zwischen dem grossen Graben und der grossen Narbe gelegenen Ausschnitte herrschen grossentheils ausnahmsweise Streichrichtungen vor, die, wie wir später sehen werden, durch eine Hemmung vorrückender Falten erzeugt wurden. Ich schlage für diese Region und besonders für den zwischen Narbe und Wunde gelegenen Theil die Bezeichnung „Bruchregion" vor. Die lange Senkung, in der Fuji, Yatsugadake, Tateshinayama u. s. w. liegen, wollen wir fernerhin „grosser Graben der Bruchregion" benennen und unter „grosse Narbe der Bruchregion" soll der granitene Zug des Ena-Komagadake mit seiner nördlichen und südlichen Fortsetzung verstanden werden. Nordöstlich, auch nach N. und nach O. vom granitischen Kimpogebirgsstock, der, wie erwähnt, an dem nordöstlichen Rande des grossen Grabens aufsteigt, breitet sich altes Bergland aus, für das ich den Namen „Bergland von Quanto" in Vorschlag bringe. In diesem Gebiete ist das Streichen der älteren Schichten durchgängig N.W., und diese Richtung macht sich noch bis ungefähr zur Hälfte des nördlichen Stückes der Hauptinsel geltend. Die Bruchregion trennt also das ganze Land in zwei Haupttheile, die ganz fundamentale Verschiedenheit des Baues bekunden, wenn auch die aufbauenden Systeme dieselben sind. Es wird sich empfehlen, die beiden Haupttheile mit dem Namen Nordjapan und Südjapan zu unterscheiden. Letzteres zeigt einfacheren, regelmässigeren Bau, und deshalb wollen wir uns zunächst dem Süden zuwenden.

Südjapan besteht aus drei ungefähr gleichbreiten, sich aneinander schmiegenden Zonen, von denen grosse Theile unter Wasser liegen und die zusammen einen langen, W.S.W. hinziehenden Streifen Oberfläche vorstellen, der eine leichte Krümmung zeigt und die convexe Seite gegen das Japanische Meer kehrt. Von den drei Zonen finden wir die innere zum grossen Theil vom Binnenmeer bedeckt. Doch ragen Inseln in grosser Zahl aus dem Wasser hervor, gleich Ruinen eines ursprünglich zusammenhängenden, einheitlichen Baues. Wer das Binnenmeer nicht nur im Fluge durchkreuzt hat, zu Zeiten, wo der Sonnenglanz alles vergoldet, der wird es schwerlich wieder vergessen. Unvergesslich sind auch die Fernsichten, durch die man sich überrascht fühlt, wenn man in Shikoku von Süden her einen hohen Punkt erklommen hat, um auf das inselreiche Wasserbecken niederzuschauen. Volkreiche Städte liegen an der vielgegliederten Küste und es ist in der That bewunderungswürdig, wie rasch sich hier der inländische Verkehr entwickelt hat; eine erstaunlich grosse Anzahl kleiner Dampfschiffe fährt tagtäglich von Hafen zu Hafen.

Zu der Innenzone gehört auch der zwischen den Linien Janagawa-Nakatu und Jatsushiro-Oita gelegene Theil von Kiushiu. Ursprünglich beschrieb hier die Erdoberfläche ein kurzes Wellenthal, aber jetzt ist diese Bildung unter dem vulkanischen Kuppengebirge von Mittel-Kiushiu begraben.

Bildet die Mittelzone eine Depression, so finden wir im Norden davon offenes Hügelterrain und niederes Bergland, das nur an der nördlichen Seite eine Reihe höherer Auffragungen trägt, in der südlichen Zone aber sind die Massen stark zusammengedrängt und erreichen bedeutende Höhen. Geologisch markiren sich die Gegensätze in noch schärferer Weise: Auf der Nordseite, in Chiugoku altes Gebirge — Grundgebirge — mit lang hinziehenden Durchsetzungen von Granit und anderen vortertiären Eruptivgesteinen; an der Küste des japanischen Meeres eine Reihe kesselförmiger Einbrüche mit Vulkanen; sonst fehlen vulkanische Gesteine fast ganz. — In der Mitte das Binnenmeer, ein eingesunkenes, zertrümmertes Stück Erdrinde; zahlreiche, aber eng begrenzte Durchbrüche eigenthümlicher vulkanischer Gesteine, Quarz führender Augitandesite; auch die Art des Auftretens der vulkanischen Eruptivgebilde hat etwas Eigenartiges. In der Fortsetzung des Binnenmeeres auf Kiushiu, mächtige Vulkane dicht zusammengedrängt. — Die südliche Zone zeigt den einheitlichsten Bau: Grundgebirge mit starker Faltung; Eruptivgesteine treten in ihr fast gar nicht, nur ausnahmsweise auf; in dem südlichsten Theile von Kiushiu allerdings stossen wir auf zahlreiche Vulkane und auf sonst abweichende Verhältnisse, doch führt dieses Stück bereits zu den Liukiuinseln hinunter und kann als ein die Verbindung mit der Liukiukette herstellendes Glied betrachtet werden.

Innenzone. Zu den hervorstechendsten Eigenthümlichkeiten von Chiugoku gehört es, dass hier nur Querthäler vorkommen, während wir anderweit, z. B. auf Shikoku ausgesprochene Längethäler antreffen. Auch kommen hier tiefe enge Thaleinschnitte von

Bedeutung nicht vor. Es ist bis zu der auf der Seite des japanischen Meeres hinziehenden Kette höherer Gipfel (bis 1600 met.) flach welliges Hügel- und Berg-Land, und auch die oben erwähnte Reihe ansehnlicher Berge steht keineswegs als ein Ganzes da, ist vielmehr von den Querthälern in Stücke zersägt. Die grösseren Erosionswege begnügen sich nicht mit breiten Thalböden und flachen Gehängen; sie nehmen hie und da ausgedehnte Weitungen in Anspruch, in denen sich lebendige Ortschaften breit machen; solche Weitungen sind von tertiären Schichtenmassen ausgekleidet.

Chiugoku gehört zu den weniger anziehenden Theilen des Landes; mit landschaftlichen Schönheiten ist es nicht besonders reichlich gesegnet. An den weissen, kahlen Hängen der aussen zu Gruss zerfallenden Granitzüge will kein Baum, kein Strauch, kein Kraut Wurzel fassen, nackt stehen sie da, diese altersschwachen Gesellen, ein Bild des Verfalls, der Verwüstung. Die Verwitterung arbeitet an den Graniten deshalb mit so viel Erfolg, weil ihnen das Kieselsäureskelett fehlt. Der Quarz bildet nämlich in der krystallinischen bis porphyrischen Masse wohl umschlossene Krystalle. Einen anderen Grund der Sterilität bildet allerdings die Abholzung der Wälder, die in diesen Theilen von Alters her mit besonderem Eifer betrieben worden ist. Die aus alten Sedimentärgesteinen bestehenden Erhebungen werden oft durch die rothe Farbe thoniger Zersetzungsprodukte, mit denen sie sich gern überkleiden, verrathen; sie ermangeln jedoch nicht der grünen Pflanzendecke. Schöne Wälder finden sich hie und da auf Quarzporphyr, der übrigens höher aufragende Gipfel zu bilden pflegt.

Die alten Eruptivgesteine beanspruchen auf Chiugoku, wie die Recognoscirungsaufnahmen Ban's in diesem Theile zeigen, einen sehr beträchtlichen Raum. Sie stellen grossartige Intrusionen dar, die meist im Sinne des Streichens der Schichten erfolgten. Letztere bilden zwischen den Granit- und Porphyr-Ausgüssen stehende Gewölbe. Jedenfalls hat die Faltung hier keinen so hohen Grad erreicht, wie z. B. auf Shikoku oder auf der Kiuhalbinsel, sodass es den Anschein gewinnt, als hätten die hier sehr regelmässig und zahlreich eingefügten Mauern von Eruptivgestein der ganzen Masse mehr inneren Halt verliehen. Nach den Ban'schen Aufnahmen zu schliessen müssen bedeutende Faltungsvorgänge, wahrscheinlich auch longitudinale Abbrüche erfolgt sein schon ehe das Eindringen der alten Eruptivgesteine, von denen der Granit zuerst auftrat, stattfand. Gänge von Granit in paläozoischen Ablagerungen sind in diesem Gebiete vielfach angetroffen worden. Ist das Eindringen der Granite von Chiugoku durch mit der Faltung Hand in Hand gehende Aufreissungen und sonstige Dislocationen wahrscheinlich, so liegt in dem nördlichsten Theile von Kiushiu, also in einem Gebiete, das noch zu der Zone gehört, mit der wir uns jetzt beschäftigen, das eine Fortsetzung von Chiugoku darstellt, eine interessante Bildung vor, die einige speciellere Bemerkungen verdient. Wenn man, um von Saga nach Fukuoka zu kommen, die staubige, um die im Norden von Saga liegenden Berge herumführende Landstrasse rechts lässt, um sich von rauschenden Wassern den Weg zeigen zu lassen, so bleibt das flache Land gar bald im Rücken; es geht hinein in das reizvolle Thal des Nagoyagawa, das uns die Ebene gar schnell vergessen macht und so weiter bis Sandando. Hier nun klettert man rechts den steilen Thalhang hinauf und findet sich schnell auf der Höhe. Alles Granit. Nicht lange führt der Weg unter sanfter Steigung etwas höher hinauf, dann ebenso sanft etwas tiefer hinunter bis zu einem sich müssig durch grüne Gefilde schlängelnden Bache. Jetzt wird es klar, dass es ein weit ausgedehntes Plateau ist, das wir überschreiten. Die tieferen Theile hat sich der Ackerbau zu Nutze gemacht und es finden sich über die hohe Fläche zerstreut zahlreiche Dörfer. Den Ausweg bildet der Midzusanotoge, der zwischen den Gipfeln durchführt, die auf dieser Seite den Rand des Plateaus begleiten. Der Durchmesser des letzteren beträgt etwa 12 Kilom. Nun geht es hinunter und nicht gar lange dauert es, so führt uns die Reise zur Bekanntschaft mit dem sich lang hinziehenden Flachlande der Küste bei Fukuoka. Die eigenthümlich geformte Granitmasse, deren Charakter wir auf der soeben beschlossenen Wanderung kennen gelernt haben, sendet zwei lange Arme aus, einen nach Chikuzen hinein und einen anderen nach O.S.O., der auf der Grenze der Provinzen Chikugo und Chikuzen hinläuft und sehr hohe Gipfel trägt. Nun findet sich in grosser Nähe der Granitgrenze eine ganze Anzahl von Vorkommnissen alter Kalksteine; ich kenne nicht weniger als 10 Localitäten. Sie liegen zu dem Granit ohne Ausnahme wie angegeben und sind wie es scheint meist krystallinisch. So ist der Kalkstein des aus 3 finsteren, felsigen Kuppen bestehenden Kawanadakezuges aus ganz grob krystallinischem, durch grauen Kalkspath ausgezeichnetem Gestein zusammengesetzt. Der Granit ist von einem allerdings nicht vollständigen Gürtel krystallinischer Schiefer und paläozoischer Gesteine umgeben, und nach den wenigen von mir festgestellten Schichtenstellungen scheinen die Streichrichtungen der Granitgrenze zu folgen. Ich glaube auf Grund dieser Erscheinungen die Vermuthung aussprechen zu dürfen, dass hier ein eigenthümlich geformter Batholith vorliegt, der entblösste Ausguss eines ursprünglich unterirdischen Hohlraums der alten Schichtenmassen. Im Anschluss hieran will ich eines anderen Falles gedenken, der allerdings streng genommen nicht an diese Stelle gehört, da er uns in das Binnenmeer führt. Südlich von Bingo liegen mehrere Inseln grösseren Umfanges, die aus Granit und palaeolithischen Sedimentgesteinen bestehen. Auf Yugoshima, so heisst die eine dieser Inseln, finden wir grob krystallinischen Kalkstein in Contact mit Granit, auf den zwei benachbarten Inseln Iwakishima und Ikuchishima aber treten hohe Züge, aus Grauwacke und Thonschiefer bestehend, über einer niederen platten, ringsum schliessenden Fläche von Granit auf. Nach Nishiyama wird in den beiden letzten Fällen der Granit von den alten Schiefern überlagert. Es dürfte also auch hier eine Einschaltung vorliegen.

Sehr merkwürdig ist die Abhängigkeit des Streichens paläolithischer Schichten mit dem Verlaufe der Grenze des schlanken Granitzuges, der an der westlichen Seite der Provinz Ise hinzieht.

Es deutet also eine ganze Reihe von Erscheinungen darauf hin, dass Ausgüsse alter, durch paläozoische Schichten umschlossener Hohlräume stattgefunden haben.

Wir kehren wieder nach Chiugoku zurück. Zu den auffallendsten Bildungen dieses Theiles gehören jedenfalls die durch Vulkane ausgezeichneten kesselförmigen Einbrüche auf der Seite des japanischen Meeres. Die grössten und regelmässigsten sind die zu beiden Seiten der Matsuyehalbinsel gelegenen. Den Daisengkessel habe ich vor einer längeren Reihe von Jahren selbst kennen gelernt. Vom Gipfel des 1640 met. hohen Vulkanes aus sah ich hinab aufs Meer, ich sah die cannonartig in den flachen Mantel eingeschnittenen Wasserläufe hinab zur Tiefe ziehen, und mich umschauend, gewahrte ich hinter dem Daiseng eine weite Hara, die sich gleichmässig bis zum Fusse der sich im Halbkreise schliessenden Berge ausdehnte. Dem Sanbeikessel ist derselbe Grad von Regelmässigkeit eigen.

Die tertiären Schichtenmassen, welche am Nordrande von Chiugoku vielorts auftreten, fallen meist nach N. zu ein. Ihr Fallen ist durchgängig sehr flach, doch sind diese jugendlichen Ablagerungen weit stärker von dislocirenden Bewegungen beeinflusst, als die gleichalterigen Ablagerungen der Mittelzone, was in hohem Grade bemerkenswerth erscheint.

Mittelzone. Die Annahme, dass das Binnenmeer seinen Inselreichthum der nagenden und sägenden Arbeit der Brandungswelle, seine Boden Configuration der Erosion von Meeresströmungen zu verdanken habe, darf von vornherein von der Hand gewiesen werden; denn wenn auch den Meeresströmungen, die sich mit grosser Gewalt durch die engen Strassen durchzwängen, ein nicht unerheblicher Einfluss in dieser Richtung zugestanden werden muss, so hat die Brandung des Binnenmeeres doch nicht Kraft genug, um so bedeutende Wirkungen hervorzubringen. Zugegeben auch, Brandung und Strömung reichten hin, um Bildungen dieses Maasstabes zu erzeugen, so würden sie doch kaum im Stande sein, ein so eigenartiges Bild der Zertrümmerung, der Zerstückelung zu erzeugen wie es das Binnenmeer bietet. Von grösster Bedeutung für die Frage nach der Entstehung all dieser Inseln ist es aber, dass Beweise für stattgehabte Senkungen zahlreicher, unregelmässig begrenzter Bruchstücke vorliegen, und wenn solche Senkungen einmal bewiesen sind, so müssen wir ihnen zum mindesten einen sehr wichtigen Antheil, wenn nicht den Hauptantheil an der Bildung des Binnenmeeres zuerkennen.

In dem östlichen Theile des Binnenmeeres, Harimanada genannt, liegt, nordöstlich von der alten Fürstenstadt Takamatsu, die drittgrösste Insel des Wasserbeckens: Schodzushima. In ihrer Nähe sind schon verschiedene Male Elephantenreste aufgefischt worden, und hat einer dieser Funde bereits oben Erwähnung gefunden. Die Insel ist von sehr unregelmässiger Gestalt; der oblonge Rumpf trägt sowohl an der Süd- wie an der West-Seite zwei weit in das Meer hinausreichende schlanke oder an der Ansatzstelle eingeschnürte Fortsätze. Von W.S.W. gesehen erscheint Shodzushima als grosse Tafel, oben mit sanft wellenförmig gebogener Begrenzung, rechts mit steil abfallendem Rande, links mit Steilabfall, der auf einer niederen als Küstenterrasse erscheinenden Stufe fusst. Die höheren Theile der Insel zeigen nun keineswegs eine glatte Oberfläche, wie es der sanften Contour des Profils nach scheinen könnte, sondern ein in grotesken Felsbildungen auf und niedertauchendes Terrain. Die Erosion hat hier stolze, ruinenartige Formen aus einer sehr groben Tuffbreccie herausmodellirt. Besonders romantisch ist die Gegend des Kangake, wo die Felsbildungen sehr an die der sächsischen Schweiz erinnern. Nach den Beobachtungen Nishiyama's ruht die ganze horizontal geschichtete, eine bedeutende Mächtigkeit zeigende Masse dieser Breccie auf einem breiten Sockel von Granit. Die eingeschlossenen Blöcke erreichen zuweilen die ansehnliche Grösse von 2 met. im Durchmesser und bestehen meist aus Andesit; das Zwischenmittel bildet lichtgrauer Tuff. Stellenweise findet sich auch Obsidian als Einschluss. Auf der Nordwestseite der Insel stehen Tertiärschichten an, die von höherem Alter sind als die Breccie. Sie haben ein Fallen von 15° N.W.N. Ausser den genannten Gesteinen kommt noch ein höchst interessanter Andesitklingstein vor (s. oben), der im Binnenmeere eine weite Verbreitung zu haben scheint. Das Binnenmeer zeichnet sich durch eine besondere, hochinteressante

Gruppe vulkanischer Gesteine aus. Sämmtliche Vorkommnisse dieser Gruppe sind von räumlich sehr beschränkter Ausdehnung, und gehören die vulkanischen Gesteine in dem eigentlichen Binnenmeere geradezu zu den Seltenheiten, während sich in der südwestlichen Fortsetzung der Depression ganz bedeutende Vulkanmassen finden. Doch kehren wir zu Shodzushima zurück. Diese Insel zeigt wie gesagt ziemlich mächtige auf granitenem Sockel ruhende Massen horizontal geschichteter Breccie. Ganz dieselben Verhältnisse treffen wir auf mehreren Inseln der Nachbarschaft sowohl, wie auf Sanuki zu beiden Seiten von Takamatsu, bei Jashima und Kokensan. Die Oberfläche der Breccie scheint sogar überall in gleicher Höhe zu liegen und es müssen die verschiedenenorts auftretenden Ueberdeckungen des Granits als Reste einer ursprünglich zusammenhängenden Tafel angesehen werden. Wo kommen nun aber die Einschlüsse der hellfarbigen Andesite her? Dieses Gestein findet sich in der Nachbarschaft nirgends anstehend, obwohl das massenhafte Vorkommen der **Fragmente** das Auftreten zusammenhängender Massen gleichen Materials verlangt. Derartige Massen müssen einst über dem Niveau der Breccie existirt haben; es scheinen hier Vulkane vorhanden gewesen zu sein, und diese Vulkane sind jetzt verschwunden. Die Tilgung jeglicher Spur solcher Emporragungen zwingt zu der Annahme der Versenkung grösserer Theile, und die Gesammtheit der Erscheinungen weist auf eine sehr weit gehende Zerstückelung und auf ungleiches Einbrechen schollenförmiger Fragmente hin.

Auch auf der Westseite von Kiushiu, in einer Gegend, die noch unbedingt der Binnenmeerzone zugehört, sind Beweise für derartige Zerstörungsvorgänge vorhanden. Durch die kleine Insel Takashima schon ziehen zahlreiche Verwerfungen, die indessen so unbedeutend sind, dass der Abbau der Kohlen nicht erschwert wird. Auf der Ostseite der Insel aber sind die Flötze durch eine Verwerfungskluft grösseren Betrages abgeschnitten. Zahlreiche Dislocationen ähnlicher Art finden sich auf benachbarten Inseln. Dann erklärt sich die Form des Meeresgrundes und die Form der Inseln am besten durch ungleiche Senkung einer grossen Anzahl von Schollen. Nimmt man an, dass unter dem Meeresgrunde bei Nagasaki noch viel Kohle vorhanden sei, so muss man sich diese Ablagerungen jedenfalls als in hohem Grade verbrochen vorstellen, und für die Gewinnbarkeit der submarinen Bruchstücke der Kohlenflötze ergiebt sich ein durchaus ungünstiges Prognostikon.

Die Zerstückelung der Binnenmeerzone hat, wie die wahrscheinlich pliocänen Brecciedecken der Gegend von Shodzushima beweisen, in sehr junger Zeit stattgefunden. Das bruchstückweise

Absinken kann als ein wesentliches Merkmal des inneren der drei Streifen, in die sich das südliche Japan nach dem geologischen Bau gliedert, hingenommen werden. So wie bei Nagasaki, so scheinen sich auch in dem der Innenzone zukommenden Theile von Kiushiu ähnliche, wenn auch nicht so sehr ins Kleine gehende Zerstörungsvorgänge geltend gemacht zu haben. Darauf weisen wenigstens mehrere klippenartige Vorkommnisse alter Gesteine hin, die von den Schuttmassen oder Strömen der Vulkane verschont worden sind.

In dem nördlichen Theile von Kiushiu sind ausgedehnte, zusammenhängende, sehr flach lagernde Massen von Tertiär vorhanden. Deshalb dürfte es vorzuziehen sein, diesen Theil als eine Verlängerung von Chiugoku zu betrachten, wenn sich auch in den Verhältnissen des Baues grosse Abweichungen erkennen lassen. Hier, wo sich die Koreanischen Gebirge dem japanischen Inselbogen nähern, sind jedenfalls wiederholt Kraftäusserungen besonderer Art eingetreten, und es lassen sich Complicationen besonderer Art erwarten. Leider sind die benachbarten Landestheile noch viel zu wenig aufgeschlossen, als dass über die auswärtigen Beziehungen schon jetzt ein Urtheil statthaft erscheinen könnte. Von Tsushima sind wohl vulkanische Gesteine, paläolithische Gesteine und Tertiärschichten bekannt, aber diese Thatsachen sagen an und für sich nicht viel. Es wird indessen nicht gar zu langer Weile bedürfen, um auch über die geologischen Verhältnisse des erst jüngst dem Weltverkehr erschlossenen Landes, zu welchem Tsushima hinübergeführt, Aufschluss zu erhalten.

Von dem alten, hohen Berglande, das hauptsächlich den Provinzen Hiuga und Higo angehört, hinüber nach Buzen und Chikuzen haben mächtige Vulkane eine grossartige Brücke gebaut. Wie ein Polyp umklammert der mächtigste dieser Feuerberge, der Asosan, das ältere Gebirge mit seinen lang ausgestreckten Armen. Noch während der letzten Monate haben die Aschen dieses Vulkans den Himmel verdunkelt, nachdem er sich bis Anfang dieses Jahres seit geraumer Zeit im Zustande der Ruhe befunden. Dampfmassen hat der Schlot während des letzten Jahrhunderts wohl jederzeit ausgestossen. Es lohnt sich, dem ganzen vulkanischen Kuppengebirge, das sich in dem Kiushiu angehörigen Theile der Mittelzone aufthürmt, etwas näher zu treten. Wir steigen von Osten kommend bei Beppu in einer breit eingreifenden Bucht ans Land, in westlicher Richtung nicht weit von der Stelle, wo sich der Ocean zwischen Shikoku und Kiushiu ein enges Thor in das Binnenmeer geöffnet hat. Vor uns ein steil aufsteigender Kegel, der Tsurumiyama (1400 met.); er verbirgt einen dicht dahinter gelegenen noch höheren Kegel

regelmässigster Gestaltung, den Yufu (1600 met.). der wegen seiner
Fuji ähnlichen Form manchmal Bungofuji genannt wird. Der halbmondförmige Küstenstreifen ist an verschiedenen Stellen förmlich
unterwühlt von Dämpfen und heissen Wässern. Zahlreiche kleine
Solfataren finden sich am nordöstlichen Fusse des Tsurumi und
von hier gegen die Küste hin. Auf jeder Seite schliesst sich dem
Tsurumi ein höckeriger vulkanischer Rücken an, von denen der
südliche zwischen Beppu und Oita den Fuss in's Meer setzt.
Nach N. O. N. taucht über dem Wasser eine ebenso flache wie
niedrige Masse auf, gleichfalls vulkanisch. Sie gehört dem in
Form einer runden Halbinsel gegen das Binnenmeer vorspringenden
Ftagoyama an. Nur eine kurze Strecke Wegs ist es von Beppu
nach Oita, der ebenfalls an der Küste gelegenen Hauptstadt des
gleichnamigen Ken. In Oita rüsten wir uns für die dreitägige
Reise nach der Westküste, die während des ersten Tages in südwestlicher Richtung, dann aber ziemlich genau nach Westen führt.
In grosser Nähe von Oita noch durchschneidet die Strasse einen
die Stadt im S.W. halbkreisförmig umziehenden niedrigen Hügeldamm; in dem Hohlwege stehen ganz horizontal lagernde, weiche
Sandsteine an. Bald führt die Strasse ins Thal hinein. Aus den
höheren Bergen zur Linken bringt ein Flüsschen verschiedenartige
Gerölle herab, unter anderen ein altes Conglomerat, Quarzschiefer,
Granit. Rechts bildet der Abfall eines niederen Plateaus die Thalwand. Dort, wo die Strasse nach Passirung des Dorfes Nodzuhara,
auf die Oberfläche des Plateaus hinaufführt, zeigt sich ein prächtiger Aufschluss. Ansehnliche Massen tertiärer Schieferthone
(N. 35⁰ W., S.W. 25⁰) sind hier überflossen von einem dicken Strome
eines interessanten Augit-Andesites, dessen Mächtigkeit an 20
met. betragen dürfte. Das Gestein zeigt noch deutlich, wie es
geflossen ist: überall gewahrt man grössere Flasern, flachlinsenförmige Particeen einer schwarzen Obsidian- oder zuweilen auch
Perlit-ähnlichen Substanz in der hellröthlichen, etwas porös erscheinenden Hauptmasse. Dieses Gestein verräth sich schon vorher
durch von dem Plateaurand herabgestürzte Blöcke und es wird nun
bis hinüber zur Ebene von Kumamoto unser unablässiger Begleiter.
Immer und immer zeigt es sich, sei es unten im Thale als Ueberkleidung der Gehänge in schöner Säulenform oder oben über dem
Wege barettartig auf den Köpfen des hier den Untergrund bildenden
Granites sitzend. Weiterhin, wo der Weg durch ein Felsenthor
führt, streben dicke, grosse Pfeiler aufwärts, immer noch derselbe
geflossene Andesit. Unterdessen sind wir etwas weiter hinaufgekommen, das Wasser fliesst immer spärlicher, und wir finden
uns schliesslich auf flacher Höhe, auf dem zur Umschau einladenden

Nukumitoge. Da fällt vor Allem nach W. und W.N.W. zu, jenseits der in langen Wellen hinziehenden Fläche, eine Gruppe hoch aufragender, dicht aneinandergedrängter Kegel auf: die Gruppe des Kujusan (ca. 2000 met). Der höchste Gipfel (der Kurodake?) gehört zu den bedeutendsten Bergen von Kiushiu. Er erreicht nahezu 2000 met. Jetzt zeigt sich auch (nahezu N.) der spitze Yufu frei und deutlich neben seinem Nachbar, dem Tsurumiyama. Beide tauchen hinter verschiedenen breiten Dämmen und einem Bergrücken auf. Südlich von unserem Standpunkte beginnt hohes Bergland ohne die Rücken beträchtlich überragende, nennenswerthe Gipfel. Etwa 3/4 Stunde nach dem Pass wird der Andesit einmal durch krystallinische Schiefer abgelöst; aber nur auf kurze Erstreckung hin, und es bietet sich auch keine weitere Abwechslung bis man das alterthümliche, in einem Thalkessel liegende Takeda erreicht. Hinter Takeda folgt die Strasse im Allgemeinen der W. Richtung. Es geht bald wieder hinauf aufs Plateau. Unten waren übrigens ausser den Säulenfelswänden des bekannten Andesites noch Tertiärablagerungen zu sehen, Sandsteine und Schieferthone, mit sehr flachen Biegungen der Schichten. Oben nun auf dem von Thälern durchfurchten, nach W. sanft ansteigenden Tafellande liegt Tuff und vulkanischer Sand, horizontal geschichtet, mit viel weissem Bimstein; hie und da tragen hügelige Emporragungen Felsenkronen von Pfeilerandesit. Bald verschwinden auch diese Zwerggestalten und vor uns liegt eine unabsehbare leicht wellige Fläche ohne Wald und Busch, kaum mit Gras und Kräutern überwachsen; nur aus den tiefen Einschnitten der Wasserläufe ragen die Kronen einiger Bäume hervor. Es ist eine jener Wüsteneien, jener sogenannten Harás, deren das Land so viele aufzuweisen hat. Die Naminohara, auf der wir uns befinden, ist eine der bedeutendsten im ganzen Lande. Wir müssen noch ca. 15 Kilom. wandern, um ihr Ende zu erreichen, und in der entgegengesetzten Richtung dürfte sie nicht weniger als an 30 Kilom. messen. Ist der westliche Rand der Hará und des bis hierher wachsenden Tafellandes erreicht, so geht es plötzlich und steil hinab. Die abschüssige Schlucht zeigt die prächtigsten Querschnitte mächtiger, säulenförmig abgesonderter Lavaströme; über eine hohe Steilwand stürzt ein Wasserfall herab. Das Gestein ist auch hier derselbe Andesit, dem wir auf dem Wege von Osten her so vielfach begegneten. Ueberraschend und belehrend zugleich ist nun das Bild, das sich bietet, wenn die Schlucht hinter uns liegt, und das unten in der Ebene liegende Dorf Sakanashi erreicht ist. Halb im Rücken die felsige Steilwand, an der wir soeben herabgeklettert sind, mit Säulenreihen und einigen von hoch herabgleitenden Wasserfäden, vor uns aber ein kahler, rauchender, wüst zerfurchter Vulkan: der nach W. hinziehende Aso (1800 met.); zwischen Steilwand und Aso eine phantastisch gezackte colossale Felsenmauer, jedenfalls das entblösste Gerippe eines älteren Vulkans. Die gezackte Felsenmauer hat den Namen Nekkodake (1660 m.). Wir befinden uns hier auf dem Boden eines colossalen Einsturzkraters, aus dessen Mitte der eigentliche Aso und an dessen südöstlichem Rande der Nekkodake emporwächst. Die Steilwand zieht mit sehr regelmässigem Verlaufe kreisförmig um die centralen Kegel herum. Nekko und Aso zusammen bilden einen in der Richtung der Parallelkreise gestreckten Zug; der erstgenannte Berg verwächst auf der Ostseite mit dem Plateau. In dem jederseits durch diese Verwachsung gebildeten Einschnitte nimmt ein Fluss seinen Ursprung, und auf jeder Seite (N. u. S.) wird der centrale Aso von einem halbkreisförmigen Wasserlaufe umzogen. Beide Flüsse, die sich am Fusse der alten Kraterwand hinschlängeln, fliessen im W. zusammen und bilden in dem hier liegenden Barranco einen prächtigen Wasserfall, um sich dann viel weiter abwärts, unterhalb Kumamoto, ins Meer zu ergiessen. Der Durchmesser des Aso-Circus beträgt etwa 20 Kilom.

Ausser dem angeführten hat nun Mittel-Kiushiu noch eine ganze Anzahl von Vulkanen. Da ist zunächst der Kimposan, an dessen Fusse Kumamoto liegt, ein sehr alter Vulkan. Der Unsengadake auf der grossen Halbinsel östlich von Nagasaki, dessen letzter grosser Ausbruch sich im Jahre 1791 ereignete. Der Taradake, nordöstlich von Nagasaki ist ein ungeheurer, flacher, stark abgestumpfter Kegel; oben findet sich ein Kraterkessel, umkränzt von einer Reihe zackiger Emporragungen. Der Hikosan in Bungo zeigt sich, aus der Ferne gesehen, felsgekrönt mit nadelförmigen Aufragungen versehen. Auf seiner N.W. Seite aber trägt er eine weit ausgedehnte flache Abdachung. — In Mittel-Kiushiu sind in der Umgebung des Kuppengebirges vulkanische Tuffe und Breccien mächtig entwickelt, letztere besonders zwischen Nakatsu und Hida, wo sie merkwürdige schlanke Felspfeiler und hohe Felspyramiden bilden. Unter den Laven ist ein besonders bei Kumamoto, auf Amakusa u. s. w. vorkommender Bimstein bemerkenswerth, der den Vulgärnamen Haiishi (Aschstein) führt. Diesem Gesteine — es bildet bei Kumamoto ausgedehnte Decken und ist den Tuffen vielfach eingeschaltet — begegnen wir an zahlreichen Punkten mitten im alten Berglande von Hiuga, wo sonst von vulkanischen Gebilden gar nichts zu sehen ist. Derartige Haiishivorkommen sind immer ganz isolirt, und es bleibt hier wohl nichts anderes übrig, als locale Durchbrüche anzunehmen.

Eng begrenzte Vorkommnisse vulkanischen Gesteines weist

auch der östliche Theil der Binnenmeerzone auf Als Beispiele mögen erwähnt werden: Andesit vom Gipfel des sonst aus Granit bestehenden Senzan auf Awaji, Andesit vom Passe zwischen Ozaka und Nara (nach Gowland) und vulkanische Gesteine vom Gipfel des Hiyeisan. Alle diese Punkte des Auftretens fallen in verhältnissmässig hohe Niveaus, und es scheinen die angeführten Fälle keine Ausnahme vorzustellen; vielmehr dürfte das Vorkommen vulkanischer Gesteine am Gipfel granitischer Berge besonders in den östlichen und vielleicht auch in den südwestlichen Gegenden zu den zahlreichen Eigenthümlichkeiten der Binnenmeerzone gehören.

Was nun die **Aussenzone** von Südjapan anbetrifft, so setzt sich dieselbe, wie bemerkt, aus der Kühalbinsel, aus Shikoku und Theilen von Kiushiu zusammen. Der Charakter der Oberfläche ist in den wichtigsten Beziehungen derselbe für die drei angeführten Theile. Wir haben da überall hoch aufragendes Land, das von den Thälern viel und tief zerfurcht ist; nur wenige Gipfel überragen das allgemeine Niveau. Die Thalseiten sind eng gegeneinander gerückt; nach oben zu werden die Hänge dagegen flacher. Breit und plump in Form sind die dicht geschaarten Züge. Suchen wir zunächst in den grösseren Thälern die hauptsächlichsten Linien auf, nach denen die Gebirge zerschnitten sind.

Ausgeprägte Längsthäler hat die Kühalbinsel nur in ihrem nördlichen Theile, dort, wo sie die Flügel ausspannt, und wo die krystallinischen Schiefer von einer Seite zur anderen ziehen. Zu diesen Längsthälern gehören der Joshinogawa und der Miyagawa. Alle weiter südlich gelegenen Flüsse zeigen einen stark mäandrischen Verlauf. Die grössten von ihnen sind der Otonashigawa und der Kitayamagawa. Durch ihren Zusammenfluss entsteht eine Gabel, von der eine zackenrückige Kette alter Eruptivgesteine gehalten wird. Letztere durchzieht den mittleren Theil der Halbinsel und erstreckt sich nordwärts bis zur Grenze der krystallinischen Schiefer. Der Verlauf der Hauptthäler erscheint also hier durch die Einschaltung einer Eruptivmauer stark beeinflusst.

Theilt man Shikoku durch eine von Saizio aus nach Kochi gezogene Linie in zwei Stücke, so bemerkt man, dass östlich dieser Linie die schönsten Längsthäler auftreten, dass aber westlich davon der Verlauf der Thallinien einen sehr verworrenen Charakter trägt. In sehr innigem Zusammenhange mit dieser Anlage steht die Vertheilung der Massen. Der nicht weit westlich von Kochi mündende Miyodogawa bildet nämlich die von N.W. nach S.O. ziehende Grenze zweier der Oberflächenbeschaffenheit nach sehr verschiedener Theile der Insel. Nur östlich von der bezeichneten Linie finden sich die hohen Berge, westlich davon viel weniger bedeutende Erhebungen.

Auf Kiushiu ist ein Parallelismus zwischen den Hauptthallinien und den Streichrichtungen der Falten nicht zu constatiren Ich habe oben zu beweisen gesucht, dass die eigenthümliche streifenförmige Anordnung der verschiedenen Systeme in der Aussenzone von Südjapan auf grosse longitudinale Abbrüche zurückzuführen sei. Mehrere der bestentwickelten Längsthäler der Aussenzone folgen den grossen Dislocationslinien. Für Kiushiu ist eine sehr beträchtliche horizontale Verschiebung mit Sicherheit anzunehmen. Die Zone hat hier eine Zerreissung erlitten, und dadurch mag sich der sehr unregelmässige Verlauf der Thäler erklären.

Der Zusammenhang zwischen der Kiihalbinsel und Shikoku ist viel vollkommener als der zwischen Shikoku und Kiushiu, wenn auch der schmale, weit nach W.S.W. hinausziehende, nach der Spitze zu ganz allmählig zusammenschrumpfende Rücken krystallinischer Schiefer wie ein Wegweiser hinüberzeigt nach dem jenseits der Meeresstrasse gelegenen, aus gleichen Gebilden aufgebauten Saganoseki.

Eine sehr deutliche Dislocation liegt dort vor, wo der östliche Flügel der Kiihalbinsel gerade abschneidet. Die fussförmige Halbinsel drüben, mit der wir bereits Bekanntschaft geschlossen haben, zeigt ganz dasselbe streifenweise Auseinandertreten von krystallinischem Schiefer und paläolithischen Gesteinen. Aber die ganz analog construirten Gebirgstheile erscheinen gegeneinander um sehr bedeutendes verschoben. Die Fortsetzung der Ablagerungen von Shima fällt nicht in die Verlängerung des Streifens, sondern nördlich von der Verlängerung. Man könnte sich versucht fühlen, die Grenze der Bruchregion hierher zu verlegen.

Eruptivgesteine sind in der Aussenzone Seltenheit, vulkanische Gesteine fehlen, von den Haiishi (Andesitbimstein) Vorkommnissen auf Kiushiu abgesehen, durchgängig. Die bedeutendste Eruptivmasse ist die bereits erwähnte Meridiankette der Kiihalbinsel, die im südlichen Theile aus Granitophyr, im oberen Theile hauptsächlich aus Quarzporphyr besteht. Das erstere Gestein bildet im südlichen Kii vielfach steil abfallende bis senkrechte Wände, über die dann schöne Wasserfälle herabstürzen. Von diesen ist der 107 met. hohe Wasserfall von Nachi der berühmteste im ganzen Lande. Die Eruptivkette markirt sich durch mehrere spitze Gipfel (z. B. Shakagadake'.

Der in der Mitte von Jamato gelegene weit bekannte Ominesan fällt in die Fortsetzung der soeben beschriebenen Kette. Das Abbrechen des Eruptivzuges nahe bei der Grenze der krystallinischen Schiefer mag demnach den Eindruck der Unwahrscheinlichkeit machen. Das in der Karte dargestellte Verhältniss beruht aber auf Thatsachen. Rein erwähnt Quarzit vom Gipfel des Omine, und Nishiyama hat bei Yoshino die Grenze der krystallinischen Schiefer gegen die nördlich auftretenden ausgedehnten Granitmassen constatirt. Ich glaube hier betonen zu müssen, dass die krystallinischen Schiefer gegen die Eruptivmassen der Innenseite eine Grenzmauer, eine Art Brustwehr bilden, und dass die Trennung zwischen Aussenzone und Mittelzone eine viel schärfere, tiefer einschneidende ist als die zwischen Mittelzone und Innenzone.

Auf Shikoku sind die Eruptivgesteine noch seltener als auf der Kühalbinsel. Etwas Diabas findet sich in der Nähe paläozoischer Kalke nördlich vom Katsuragawabecken, Diorit im Becken von Sakawa. Bei Uwajima besteht eine sehr bedeutend erscheinende Gruppe von Bergen, die das ringsum liegende Schiefergebirge überragt, aus granitischen Gesteinen. Am interessantesten aber sind ohne Zweifel die Vorkommnisse der beiden südlichsten Vorgebirge von Shikoku. Bei Isasaki tritt Granit auf, bei Muratasaki Diorit; in beiden Fällen ist die räumliche Ausdehnung eine sehr geringe.

Das alte Bergland von Kiushiu hat schöne Quarzporphyre aufzuweisen, aber zu so grosser Entwicklung gelangen diese Gesteine nicht, dass sie den allgemeinen Bau wesentlich beeinflussten. In höherem Maasse beansprucht ein Granitdistrict im Innersten des Berglandes unsere Aufmerksamkeit. Auf der Grenze von Hiuga und Higo liegen östlich vom Hideyoshi zwei sehr bedeutende Berge, der Ishifusa und der Bakushidake. Sie erreichen gegen 2200 met. Meereshöhe und können wohl als die bedeutendsten Erhebungen von ganz Kiushiu gelten.

Sehr bezeichnend für die Aussenzone ist die grosse Seltenheit von Tertiärablagerungen. Sie kommen nur in den nach der südlichen Küste zu gelegenen Gegenden vor. In dem Becken von Sakawa habe ich mich vergebens nach antediluvianischen Ablagerungen der känozoischen Gruppe umgesehen; dagegen kommen kleine Reste an dem auf der Südseite gelegenenen halbkreisförmigen Ausschnitte von Shikoku vor, südöstlich von Kochi. Die Tertiärschichten bei Akano liegen fast horizontal, während ein anderes, weiter südöstlich gelegenes Vorkommen durch dislocirte Schichten ausgezeichnet ist mit N. 3º O.; 25º S.W.; bei Naari degegen ist die Schichtenstellung N. 35º O.; 15º N.W.

Im südlichen Kü sind Tertiärablagerungen nachgewiesen. Hier ist auch die Grenze zwischen dem durch das gänzliche Fehlen von Tertiärablagerungen ausgezeichneten Theile des Berglandes und dem südlichen Gebiete, in dem solche auftreten, in der Form der

Oberfläche sehr deutlich angezeigt. In der Gegend von Honga z. B. übersieht man niederes Hügelland, das sich nach Osten zu ausdehnt. Geht man von Honga aus den Otonashigawa aufwärts, so macht sich der plötzliche Wechsel der Bergformen in sehr auffallender Weise bemerkbar: rechts und links vom Flusse steigen da ganz unvermittelt steile, hohe Berge an, der Fluss wird eingezwängt in eine enge Schlucht, und man tritt durch eine Art Bergthor in das eigentliche Bergland ein. Das niedere Hügelland besteht aus mesozoischen Gebilden und Tertiär. Allerdings hat die Altersbestimmung der der mesozoischen Gruppe zugetheilten Gebilde nicht nach eingeschlossenen Versteinerungen vorgenommen werden können, da solche noch nicht gefunden sind, doch kann über das mesozoische Alter der betreffenden Schichten wenig Zweifel bestehen. Aus der Abwesenheit des Tertiär in dem grösseren Theile der Aussenzone kann man schliessen, dass sich dieselbe zur Tertiärzeit nahezu ganz über Wasser befunden haben muss, und das Vorkommen räumlich sehr beschränkter Tertiärreste an dem jetzigen äusseren Rande der Aussenzone, so wie die Eruptivreste der südlichen Vorgebirge führen zu dem Schluss, dass hier einst grosse Absenkungen stattgefunden haben. Das Auftreten der mesozoischen Ablagerungen ist schon oben berührt worden. Es sei daran erinnert, dass wir sie in den meisten Fällen da antreffen, wo Einsenkungen des alten Berglandes vorhanden sind. In den engeren Depressionen (Katsuragawa) erschienen die mesozoischen Schichtenfalten stärker gepresst.

Was die Falten des alten Gebirges betrifft, so kann man aus dem fast durchgängig herrschenden N.W.N. Fallen den Schluss ziehen, dass die Falten nach S.O.S. zu überstürzt sind. Die Streichrichtungen folgen nun keineswegs durchgängig dem Streichen der Zonen; es giebt sogar eine grosse Zahl sehr erheblicher Abweichungen, und man würde ein durchaus falsches Bild erhalten, wenn man sich die Falten der Aussenzone als regelmässig lang hinziehende Wellen vorstellen wollte. Die Falten tauchen in verschiedenen Theilen nach sehr verschiedenen Richtungen und in sehr complicirter Weise auf und nieder, und dürften Verquetschungen, Verschiebungen und dergleichen Dislocationen nicht wenig dazu beigetragen haben, die Erscheinungen des Schichtenbaues zu verwirren. Die Grenzen der verschiedenen Systeme gegeneinander bekunden vollkommenen Parallelismus mit der Hauptrichtung der Zone, aber die Streichrichtungen der Schichten, wenn auch die meisten in die W.S.W. Richtung fallen, haben in manchen Theilen eine ganz verschiedene Lage. Wir sehen also, dass die Begrenzung der einzelnen Systeme der Aussenzone an der Oberfläche wohl eine regelmässige ist, dass aber innerhalb der regelmässig verlaufenden Grenzen sehr bedeutende Complicationen eintreten, die zu dem Verlaufe der Grenzen in keiner erkennbaren Beziehung stehen. Hierdurch erscheint ein weiterer Beweis geboten für die oben dargelegte Auffassung, dass die Systemgrenzen grosse Dislocationslinien bezeichnen. Nach dieser Auffassung, die sich auf verschiedentliche Beweise stützt, würde das neben den krystallinischen Schiefern nach aussen gelegene Stück gesunken sein, während die Mauer der krystallinischen Schiefer ihre Stellung behauptete. Solche longitudinale Brüche sind in der Aussenzone noch mehr vorhanden, und es wird sich wahrscheinlich, wenn es einmal gelungen ist die Gliederung der paläolithischen Systemreihe durchzuführen und die Systemgrenzen auf der Karte von Shikoku niederzulegen, zeigen, dass auch diese Grenzen ihren Verlauf ausgedehnten Dislocationen zu verdanken haben.

Dafür, dass derartige Absenkungen vorgekommen sind, liegen übrigens stricte Beweise vor. Nahe dem Ausgange des Katsuragawabeckens (Shikoku) bei Nuga fand Kikuchi folgendes Profil:

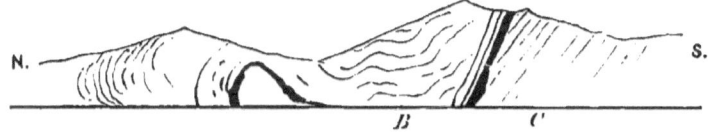

Die Länge des Aufschlusses beträgt etwa 100′, die Höhe 22—30′. Die Fusslinie des Profils liegt etwa 50′ über dem Flussniveau. Die Gesteine gehören zur paläozoischen Gruppe. Die Verwerfungskluft ist polirt, streicht N. 60° O. bei einem Fallen von 82° N. Das Streichen der Schichten auf dem südlichen Flügel ist N. 70° O., das Fallen 70° N. Bei B wurde folgende Schichtenstellung beobachtet: N. 70° O., N. 45°. Das Streichen der Verwerfungskluft stimmt demnach sehr annähernd mit dem Streichen der Falten überein. Hier liegt übrigens ein sehr regelrechter Parallelismus mit dem Streichen der Zone vor; auch ist darauf hinzuweisen, dass die Verwerfung in dem Katsuragawabecken enthalten ist, indem die Streichlinie der Verwerfung sich mit der Achse genannten Beckens nahezu deckt. Fragmente und Blöcke alten Gesteines mit einer polirten, ebenen Fläche kommen in der Provinz Awa häufig vor und werden sich mit der Zeit vermuthlich auch in anderen Theilen des Landes finden. Das Volk nennt sie Kagamiishi (Spiegelsteine). Solche polirte Blöcke sind an verschiedenen Punkten der Districte Miosaigori und Oyegori (Provinz Awa) gefunden worden. Ein sehr nennenswerther Fundort ist das Dorf Agawa in Miosaigori.

Die polirten Blöcke beweisen deutlich und klar, dass im östlichen Shikoku das ältere Gebirge von einer ganzen Reihe grösserer Verwerfungen betroffen worden ist

Shikoku hat auch nach einer anderen Richtung, nämlich nach der durch den Miyodogawa bezeichneten einen ganz bedeutenden Bruch erlitten. Ich kann mir die grossen Verschiedenheiten zwischen den westlichen und östlichen Theilen der Insel nicht anders erklären, als durch eine Absenkung der auf der Seite von Kiushiu gelegenen Scholle.

Es würde zu weit führen, wenn hier dem südlichen Theile von Kiushiu eine mehr als cursorische Betrachtung zu Theil werden sollte. Dieses Glied gehört vielleicht nicht mehr zur Aussenzone von Südjapan; es führt bereits zu der Liukiukette hinunter. So weit ich mir auf Grund einer zu geringen Anzahl von Beobachtungen aus diesem Theile ein Urtheil gestatten darf, folgen die paläozoischen Schichten sowohl wie die jüngeren Bildungen immer noch der W.S.W. Richtung. Eine Einlenkung der Richtungen in das Streichen des Liukiubogens scheint gar nicht stattzufinden. Als durchaus falsch muss es bezeichnet werden, wenn man für Kiushiu ein Gebirge annimmt, das sich in der Meridianrichtung, von Shimonoseki bis Satano-misaki erstrecken würde. Ein solches Gebirge existirt nicht. Die W.S.W. Richtung greift hier mit grosser Entschiedenheit durch, und eine Beeinflussung des allgemeinen Baues durch die Liukiukette ist nicht nachzuweisen. Allerdings ist die Nachbarschaft der nach Formosa führenden Guirlande für Süd-Kiushiu keineswegs ohne Einfluss geblieben. Hier in Kiushiu, wahrscheinlich durch das Eintreten fremder Bewegungen, sind Zerreissungen und Einbrüche erzeugt worden, und über den Trümmern haben sich Vulkane aufgethürmt, unter denen der Kirishimayama seines sehr zusammengesetzten Baues und seiner Grösse wegen ganz hervorragendes Interesse beansprucht.

Die Thatsache, dass in Kiushiu noch die in Vorstehendem erörterte Dreitheilung besteht, die in Chiugoku, dem Binnenmeere und Shikoku so deutlich ausgesprochen ist, dass die den japanischen Inselbogen beherrschenden allgemeinen Richtungen nicht beeinflusst werden durch das Herantreten der Liukiukette, gewinnt an Bedeutung, wenn sie in erweitertem Gesichtskreise betrachtet wird. Nach Richthofen tritt bei Tschusan ganz derselbe Gebirgsbau auf, der uns in der Aussenzone von Südjapan entgegentritt, und von Tschusan aus sollen sich Gebirge mit gleichen Verhältnissen des Baues noch weit in den Continent hinein erstrecken. In Yesso zeigt die Achse des mitten durch die Insel ziehenden alten Gebirges wie die darin auftretenden Streichrichtungen Meridian-Verlauf.

Von Yesso aus setzt der grossartige Bogen über Sachalin fort und endet erst am Oehotskischen Meere. Wie schon die geringe Erstreckung der Kurilen sowohl, wie der Liukiuinseln auf die untergeordnete Rolle hinweist, welche diese Ketten im Kranze des ostasiatischen Archipels spielen, so bewirkt besonders der geologische Bau des japanischen Bogens, dass diese Glieder nur Anhängsel sind von späterer Entstehung und dass sie durchgreifende Störungen in dem Hauptbogen, dem sie zu entwachsen scheinen, nicht hervorzubringen vermochten. Die angeführten Beziehungen bestätigen ausserdem die Zugehörigkeit des japanischen Bogens zum Continente.

Zusammenhang Südjapan's mit der Bruchregion.

Ehe wir von Südjapan scheiden, liegt uns noch die Aufgabe ob, die Verknüpfung des nach Zonen gegliederten Inseltheiles mit den Gebieten der Bruchregion des Näheren zu beleuchten. Es gelingt keineswegs, die Bruchregion gegen Südjapan scharf abzugrenzen. Jedwede dem Behufe einer solchen Theilung dienende Trennungslinie, wie sie auch gezogen werden möge, ist künstlich; denn der Uebergang von Kü zu dem Akaishi-Sphenoid beweist die sehr enge Verknüpfung trotz der sehr bedeutenden horizontalen Gebirgsverschiebung am Ende von Shima. In dem westlich von dem grossen Graben gelegenen Theile der Bruchregion gelingt es fast noch, die drei Zonen von Südjapan zu unterscheiden. Das Akaishi-Sphenoid repräsentirt die Aussenzone und zeigt in Bezug auf die allgemeinen Verhältnisse des Baues ganz die Verhältnisse, die wir von Shikoku her kennen: Krystallinische Schiefer an der Innenseite, paläolithische Gesteine nach aussen; keine vulkanischen Durchbrechungen, keine sonstigen Eruptivgesteine, keine Tertiärablagerungen. Die Innengrenze der krystallinischen Schiefer und des Gneisses bezeichnet auch hier den Beginn der Region eruptiver Gebilde. Es ist ein durch sehr verwickelte Verhältnisse ausgezeichnetes Eruptivgebiet, das sich in Hida und Haga breit macht; Eruptivgebilde des verschiedensten Alters liegen hier durcheinander. Zwischen Granit und krystallinischen Schiefern liegt in der Nähe des unteren Tenriugawa ein enger Durchbruch vulkanischer Gesteine. Die Vertheilung der vulkanischen Gesteine ist in dem inneren Theile der Bruchregion nicht abhängig von der zonenweisen Gliederung, und es lässt sich die Unterscheidung einer Mittelzone und einer Innenzone hier nicht durchführen. Aber es ist ja vorhin darauf hingewiesen worden, dass die Trennung der Mittelzone und der Innenzone auch im südlichen Japan keine tief einschneidende sei.

Zwischen Shima und dem oberen Theile des Akaishi-Sphenoids

bemerkt man das ganz allmähliche Uebergehen der W.S.W. Streichrichtung in die N.S. Streichrichtung. Die Ena-Komagadakenarbe beschreibt einen graziösen Bogen, der den Graben der Bruchregion im oberen Theile sanft berührt, während er sich im unteren mehr und mehr davon entfernt, so dass er hier eine entschiedene Neigung zum Einbiegen in die W.S.W. Richtung bekundet. Auf diese Weise wird die zwischen Mikawa und dem Suwasee hervortretende intensive Aufbiegung der im Süden nahezu gerade verlaufenden Aussenzone von der grossen Narbe nachgeahmt.

Fassen wir die Leitlinien der auf der Innenseite des Inselbogens gelegenen Faltungen ins Auge, wie sie bis an den grossen Graben heran zu verfolgen sind, so macht sich zwischen Biwasee und der Gegend von Matsumoto in Shinano eine stärkere Aufbiegung bemerkbar, als es die in Sado und Noto ausgesprochene Krümmung des Inselbogens verlangt, und wir nehmen wahr, dass die derart zurückgebogenen Faltungen von der grossen Narbe quer durchschnitten werden.

Die Faltungen sind nach dem Vorhergehenden in der Nachbarschaft des Grabens von ihrer normalen Richtung abgelenkt und zwar am stärksten auf der Aussenseite, in nur geringem Maasse dagegen auf der Innenseite (Innenzone und Mittelzone zusammen genommen). Die Granitnarbe muss jüngerer Entstehung sein als die Rückbiegungen der Falten in der Bruchregion, weil die Streichrichtungen der paläozoischen Schichtenmassen, wie in der Gegend der Einschnürung des Granitzuges zu ersehen ist, eine Beeinflussung durch die Narbe nicht erkennen lassen. Es verdient noch hervorgehoben zu werden, dass die Rückbiegung der Faltenzüge der Aussenzone erst bei Shima beginnt, während sie sich bei den inneren Zonen bereits in der Biwaseegegend erkennen lässt.

Wenn man nun den westlich von dem grossen Graben der Bruchregion gelegenen Theil des Inselbogens als Ganzes betrachtet, so zwingt die Gesammtheit der Erscheinungen zur Annahme einer von der Seite des Continents aus nach aussen drängenden Kraft. Südjapan erscheint gegen den Ocean zu hinausgeschoben; die Falten der Bruchregion zeigen sich in der gleichen Bewegung nach aussen gehemmt durch den grossen Graben. Besonders bot die südliche Hälfte des Grabens einen hartnäckigen Widerstand gegen die von N.W.N. her andrängenden Massen. So geschah es, dass der südliche Theil weiter hinausrücken konnte, während der dem Graben näher liegende mittlere Theil hängen blieb. Im Osten schmiegten sich die Falten dem Graben an, und durch Anpressen an die Grabenkluft wuchsen die Riesen des Akaishi-Sphenoids allmählich zu ihrer jetzigen Höhe. Die grossen longitudinalen Dislocationen, welche das streifenartige Hinziehen der Systeme hervorgerufen haben, müssen vor dem Hinausrücken von Südjapan erzeugt worden sein. Es kann keinem Zweifel unterliegen, dass ganz Südjapan gegen die unteren Theile von Nordjapan eine bedeutende Verschiebung in das Meer hinaus erfahren hat. Die späteren Erörterungen werden dazu angethan sein, diesen Satz des Weiteren zu erhärten. Der Betrag der Verschiebung lässt sich durch folgende Betrachtung bestimmen. Ursprünglich folgte die grosse Dislocation, die uns zur Scheidung der Aussenzone und Mittelzone diente, einer sehr annähernd geraden, über mehr als 8 Längengrade ausgedehnten Linie, die bis an den grossen Graben heranreichte. Der Suwasee stellt den Angelpunkt dar, um den das östliche Stück der Aussenzone beim Hinausrücken gedreht wurde. Denkt man sich nun den Streifen krystallinischer Schiefer zwischen Amakura und Shima parallel zurückgeschoben in seine ursprüngliche Lage, so dass der dem Akaishi-Sphenoid angehörende Streifen und das in Mikawa gelegene Stück gezwungen werden der Rückbewegung zu folgen, so resultirt ein ganz anderes Bild als das jetzige. Der Inselbogen erhält eine viel flachere Biegung ungefähr so wie Sado und Noto es andeuten. Kiushiu und Chingoku rücken sehr nahe an Korea heran, und die grosse Dislocationskluft am Innenrande der Aussenzone zieht von der jetzigen Krusensternstrasse aus bis zum Suwasee. Der Betrag der Verschiebung aber ergiebt sich zu ungefähr 120 Kilom.

Das grosse Erdbeben von 1854.

Von Zeit zu Zeit wurden Theile des Grundbaues der Inseln von heftigen Zuckungen befallen, und es sind die grossen Erschütterungen besonders deshalb von Interesse, weil sie gewisse verborgene Gesetze der inneren Structur der Erdrinde aufzuhellen geeignet erscheinen. Einen ganz unverkennbaren Zusammenhang mit dem Bau von Südjapan zeigt der Schütterkreis des grossen Erdbebens von 1854. Man vergleiche die Darstellung, die ich in meiner Arbeit über „Erdbeben und Vulkanausbrüche in Japan" (s. Mittheilungen der deutschen Gesellschaft für Natur- und Völkerkunde Ostasiens, 15. Heft) gegeben habe, mit dem in Vorstehendem erklärten in der geologischen Karte vorgeführten Bau von Südjapan und man wird zugeben müssen, dass „der Gebirgsbau die Ausbreitungen der Schütterwellen in wunderbar gesetzmässiger Weise beeinflusste", wie ich mich damals ausgedrückt habe. In Chingoku reichen die Erdbebenwellen bis an die auf der Seite des japanischen Meeres hinziehenden höher ansteigenden Berge heran; dort, wo die Streichrichtungen anfangen nach N.O. hin auszubiegen, dort greift auch der Schütterkreis weiter hinaus und bildet einen parabolischen Ausläufer. Die nach Norden strebenden, aus breiter Basis hervorwachsenden Stämme von Granit, die wir zwischen Ozaka und Nagoya finden, ebenso der von N. nach S. ziehende Granitrücken westlich vom Biwasee scheinen wesentlich dazu beigetragen zu haben, dass die Wellen in dieser Gegend höher hinaufgeführt wurden. Bei Isakosaki ergriffen die Erschütterungen das bogenförmige dem Graben angepasste Stück der Aussenzone, machten das ganze Akaishi-Sphenoid erbeben und dehnten ihre Wirkung bis an den östlichen Rand des grossen Grabens aus. Auf diese Weise wurde ein zweiter parabolischer Ausläufer des Schüttergebietes gebildet, und folgt die westliche Grenze dieses Ausläufers ziemlich genau dem von der grossen Narbe beschriebenen Bogen.

Für die Richtigkeit der Darstellung, welche ich von dem Schütterkreise gegeben habe, dürfte die Uebereinstimmung mit gewissen Linien des Gefüges um so mehr Beweiskraft haben, als ich zur Zeit, wo ich den Schütterkeis niederlegte mit den allgemeinen Gesetzen des geologischen Baues noch nicht vertraut war. Die eigenthümliche Form des Schütterkreises und der Parallelismus der Linie ihrer grössten Erstreckung mit der das Gefüge von Südjapan beherrschenden Richtung weisen darauf hin, dass sich die Scütterwellen nicht von einem Punkte oder von einem eng begrenzten Gebiete aus verbreiteten, wie ich früher vermuthete, sondern dass sie von einer Reihe von Punkten ausgingen, die sämmtlich in einer der Grenze des Streifens krystallinischer Schiefer parallelen Linie gelegen sein dürften. Das Erdbeben von 1854 dürfte also seinen Grund in der Entstehung einer jener lang hinziehenden Dislocationen haben, die in dem Aufbau von Südjapan eine so grosse Rolle spielen.

Ich glaube übrigens aus einer langen Reihe der Erdbebenberichte herauslesen zu können, dass solche durch eine Linie des Ursprungs ausgezeichnete Erdbeben sich mehrfach ereignet haben. Dabei muss die vorwiegende Erschütterung der Aussenseite und die Wahrscheinlichkeit des Ursprunges auf Linien, die unter dem Meere liegen, in hohem Grade beachtenswerth erscheinen. Die Innenseite von Südjapan ist nur in sehr geringem Maasse von Erdbeben heimgesucht worden.

Nordjapan. Lässt sich eine scharfe Trennung zwischen Südjapan und der Bruchregion wie wir gesehen haben nicht vornehmen, so bezeichnet der grosse Graben das unbestreitbare Grenzgebiet zweier ganz verschieden construirter Abschnitte des Inselbogens. Jenseits des Grabens, d. h. nach N. zu, stossen wir auf viel verwickeltere Verhältnisse, als in denjenigen Theilen des Landes, mit welchen wir uns bis jetzt befasst haben. Weit von Süden her bis an den Graben heran, liess sich eine zonenweise Anordnung erkennen, und besonders deutlich trat die innere Grenze der krystallinischen Schiefer, ein durch grossartige Eruptionserscheinungen ausgezeichnetes Gebiet nach aussen abschliessend, als eine bis an den Graben heranziehende continuirliche Linie hervor. In Nordjapan lässt der Inselbogen keine derart weit hinziehenden Linien, keine Zonen erkennen. Es spielen hier sogar im Bau die quer zu dem Inselbogen verlaufenden Linien eine fast ebenso grosse Rolle, als die der Längsrichtung angehörenden. Nichtsdestoweniger scheint eine Verbindung von Nord- und Südjapan an der Innenseite des Inselbogens zu bestehen, eine Verbindung, die durch den einheitlichen Verlauf des Kopfes von Noto und der Insel Sado angezeigt ist. Die auseinandergerissenen Theile des Inselbogens dürften in dieser Gegend noch zusammenhängen.

Es wird sich empfehlen, bei dem Eingehen auf die Verhältnisse von Nordjapan die Insel Yesso zunächst ausser Betracht zu lassen.

Ein dicker Stamm von Gebirgen zieht in der Mitte des Landes hin, von dem in das Meer von Rikuoku hineingreifenden Natsudomari her bis hinunter zum Chikumagawa. Auf der Westseite entwachsen dem Stamme kurze Aeste, denen, Früchten gleich, Vulkane anhaften. Aber jeder dieser kurzen Aeste trägt nur einen Vulkan und dies nur in der oberen Hälfte von Nordjapan. Der dicke Gebirgsstamm verläuft auch nicht als regelmässige Kette bis hinunter zum Graben der Bruchregion. Ganz im Innern des Landes stossen wir zwischen dem 37. und 38. Breitengrade, dort, wo dem Verlaufe der Hauptkette entsprechend hohe Gipfel liegen sollten, auf eine breite Depression, die von Aidzu, und die Reihe der höchsten Gipfel fällt nicht in die Fortsetzung der von Nord her kommenden Kette, sondern viel weiter westlich nach der Küste zu. In der grossen Depression liegt ein See, Inawashiro genannt. Ihm entquillt in der Nordwestecke ein Fluss, der seinen Lauf nach W.N.W. nimmt und bei Niigata mündet.

Auf der Ostseite von Japan sind die Verhältnisse weniger verwickelt. Hier werden durch Längsthäler nach aussen hin grössere Gebiete abgetheilt, die, wie wir sehen werden, für Nordjapan das sind, was die Aussenzone für Südjapan ist.

Oben in Mutsu mündet in der Nähe von Hachinohe der Mabechigawa. Folgen wir seinem Laufe, so führt uns der Weg, um den alten Vulkan Naguidake herumlenkend, gar bald in die südliche Richtung. Der Mabechigawa tritt aber schliesslich links ins Gebirge hinein, und wenn wir die südliche Richtung weiter verfolgen, so kommen wir, kurz nachdem wir das Thal genannten Flusses verlassen haben, auf einen niederen Pass und steigen von diesem unter etwa 40° Breite gelegenen Pass aus hinab in das grosse Kitakamithal. Der Kitakamigawa ist der grösste Fluss des japanischen Nordens. Er fliesst durch ein ungeheuer breites regelmässiges Längsthal und folgt ziemlich genau der Richtung N.S. Durch Mabechigawa und Kitakamigawa wird ein durch eigenthümliche Verhältnisse bezeichnetes Gebiet abgegrenzt, das sich durch grosse flache Erhebungen, durch den Mangel an grösseren selbstständigen Emporragungen, durch eine weniger detaillirte Gliederung, durch mäandrisch gewundene, das Gebirge quer durchbrechende Flüsse und durch die gänzliche Abwesenheit von vulkanischen Gesteinen und Tertiärablagerungen auszeichnet. Die am Aufbau theilnehmenden Massen sind hauptsächlich archäisch-paläozoisch; auch nehmen alte Eruptivgesteine einen wesentlichen Antheil am Aufbau. In dem unteren, südlichen Theile treten mesozoische Formationen — Trias, Jura und Kreide — in grossen, zusammenhängenden Massen auf. Krystallinische Schiefer finden sich auf der Innenseite. Die Uebereinstimmung mit der Aussenzone von Südjapan ist nicht zu verkennen. Doch ziehen die Systeme nicht in Form so regelmässig abgegrenzter Streifen nebeneinander her; die Streifen sind durch querverlaufende Brüche zerstört. Der Bildung quergerichteter Dislocationen in der Aussenzone von Nordjapan dürfte die im Vergleich mit dem entsprechenden Theile von Südjapan bedeutende Entwicklung der alten Eruptivgesteine zuzuschreiben sein. Ich werde das durch den Mabechigawa und den Kitakamigawa abgegrenzte alte Bergland nach dem grossen Flusse, der diesem Gebiet seine Quelle verdankt, mit dem Namen „Kitakamibergland" bezeichnen.

In ähnlicher Weise, wie die beiden oben genannten Flüsse eine grosse im inneren Bau begründete Trennungslinie hervortreten lassen, schneiden die beiden Flüsse Abukumagawa und Nakagawa ein Gebiet ab, das den westlich davon gelegenen Massen gegenüber durch ebenso fundamentale Unterschiede charakterisirt ist und das der Aussenzone von Südjapan ebensowohl verglichen werden kann wie das des Kitakamiberglandes. Es möge diesem Theil die Bezeichnung „Abukumabergland" zu Theil werden. Dasselbe ist zwar noch nicht in so hohem Grade erschlossen wie das Kitakamibergland, doch scheinen mir die vorliegenden Thatsachen hinreichend, um die Analogie des Baues in beiden Gebieten vertreten zu können. Auffallend ist schon die Uebereinstimmung der äusseren Begrenzung, die sich selbst in Karten sehr kleinen Maasstabes und selbst in mangelhaften Darstellungen deutlich zeigt. Die Küstenlinie beschreibt in beiden Fällen den flach gegen das Meer vorspringenden Bogen. Allerdings zeigt die Abukumaküste die Fjordbildungen nicht, die der Küste des Zwillingsberglandes eigen sind, und das

Abukumabergland hat auch keine so bedeutende Erhebungen aufzuweisen. Es ist noch nicht festgestellt, ob die krystallinischen Schiefer auf der Innenseite vorhanden sind; ich hege aber keinen Zweifel, dass sie sich finden werden.

So wie die Aussenzone in Südjapan noch jetzt ein zusammenhängendes Ganze darstellt, so dürfte auch das Abukumabergland und das Kitakamibergland vor Zeiten eine fortlaufende Zone gebildet haben, und es darf behauptet werden, dass das Kitakamibergland das am weitesten gegen den Ocean hinausgerückte Stück der Zone ist. In der Gegend der Bucht von Sendai also hat eine Zerreissung und Verschiebung stattgefunden. — Wir werden später sehen, dass die Zerreissung keine locale ist, sondern dass sie durch den ganzen Inselbogen durchgreift. Die Verschiebung trennt zwei sehr verschieden gebaute Theile von Nordjapan, und wir wenden unser Augenmerk zunächst dem nördlicheren der beiden Theile zu.

Oberer Theil von Nordjapan.

Es ist eine zusammenhängende Reihe hoher Gipfel, die den oberen Theil von Nordjapan durchzieht, und sie verdient es vollkommen, als Kette bezeichnet zu werden. Wir würden aber sehr irren, wenn wir mit dieser Bezeichnung die Vorstellung eines in der Längsrichtung einheitlichen Baues verbinden wollten. Da treten wahrscheinlich die Gebilde aller Zeitalter zusammen auf, und was nun hier zerstückelt und verschoben wirr durcheinander liegt, das ist zum grossen Theil unter weit ausgedehnten vulkanischen Massen verborgen. Noch in historischer Zeit sind den vielen hochaufragenden Schornsteinen der „Meridiankette von Nordjapan" — so wollen wir den langen Zug hoher Gipfel nennen — heissflüssige Massen entquollen, finstere Aschenwolken entstiegen, die in tiefen Thaleinschnitten oder wohl auch auf Bergeshöhe hervorlugende Ablagerungen früherer Perioden unter sich begruben. Es hält ausserordentlich schwer, den Aufbau der Meridiankette durch Recognoscirungs-Aufnahmen einigermassen zu ergründen, selbst wenn man dem Gerölle eine ununterbrochene Aufmerksamkeit schenkt.

Die grösseren Vulkane sind meist auf der Aussenseite der Kette gelegen, wie z. B. der Ganjiusan (2050 met.), Komagadake bei Mizusawa, Nenoshiraishidake u. s. w. Doch giebt es auch Vulkane, die von dem Rücken der Kette getragen werden, wie der Jatsukodayama, der Akakuradake, der Komagadake bei Morioka etc. In einzelnen Theilen der Kette steigen Granitberge zu bedeutenden Höhen auf: Wagadake (1485 m.), Suganedake (1050 m.), Kamuro (1200 m.). Auch kommen andere Eruptivgesteine vor, als Quarzporphyr, Diorit, Diabas etc. Krystallinische Schiefer verrathen sich im Kadzunogori (Provinz Rikuoku), und dass die Gesteine der paläolithischen Systeme nicht fehlen, das beweisen unter Anderem zahlreiche Thonschiefergerölle. Es muss jedoch betont werden, dass Eruptivgesteine in der Kette unbedingt die Hauptrolle spielen.

In dem westlich von der Meridiankette gelegenen Inselstreifen finden wir mehr Gesetzmässigkeit, als in der Meridiankette selbst. Vier grosse Vulkane steigen mehr oder weniger nahe der Westküste in diesem Streifen auf; sie folgen sich nach nahezu gleichen Zwischenräumen. Und jeder dieser Vulkane liegt in einem grossen Kessel; jeder dieser Kessel wird auf der Südseite von einem Ast des Meridiangebirges begrenzt. Es wird sich empfehlen, die Kessel nach den in ihnen aufsteigenden Vulkanen zu benennen. Von Nord nach Süd wird der Reigen eröffnet von dem Iwakikessel, dann folgt 2. der Moriyoshikessel, 3. der Chokaikessel und 4. der Gassankessel. Die Kessel sind mehr elliptisch als kreisförmig. Die grosse Achse eines Kessels fällt gewöhnlich in die Richtung N.W.-S.O. Am deutlichsten wird die Analogie der Erscheinungen, wenn man den Lauf der grösseren Flüsse prüft, von welchen die Kessel durchströmt werden. Der Iwakigawa nimmt seinen Ursprung westlich vom Towatasu; zum mindesten kommen zwei grössere Zuflüsse aus dieser Gegend, während einer südwestlich vom Iwakiyama (1594 met.) entspringt. Der Vulkan bleibt auf der dem Meere zu gelegenen Seite des Flusslaufes; der Iwakigawa mündet nördlich vom Vulkane. Was das Moriyoshibecken betrifft, so liegt der Vulkan zwar weiter landeinwärts als der Iwakiyama und die beiden südlicheren Feuerberge, aber eine ähnliche Umfliessung, wie im vorigen Falle findet immer noch statt; der Nojirogawa mündet N.W. vom Moriyoshisan (1457 m.) Begeben wir uns einen Schritt weiter in den Kessel des Chokai (2157 m.). Hier wird der Vulkan vom Omonogawa fast ganz so umflossen, wie der Iwakiyama vom Iwakigawa. Der Chokai liegt N.W.N. von der Quelle und die Mündung liegt N. vom Chokai. Der Gassankessel ist der letzte in der Reihe. Auch hier dasselbe Gesetz: der Mogamigawa umfliesst den Vulkan so in weitem Bogen, dass letzterer innerhalb des Bogens zu liegen kommt und dass sich die Mündung N.W., die Quelle S. O. vom Gassan (1990 m.) findet.

Eine sehr hervorstechende Eigenthümlichkeit der vier Kessel bietet ferner das Vorkommen ganz jugendlicher, durch vulkanische Thätigkeit entstandener Erzlager. In dem südöstlichen Einschnitt des Iwakikessels liegen die alten Silbergruben von Yunosawa. Jetzt arbeiten hier nur 5—9 Bergleute; die Erze sind gut, aber die Gänge sind schwach, und der Betrieb ist durch die vulkanischen Exhalationen sehr erschwert. Die Erzvorkommnisse liegen jetzt noch in einer Solfatare. Das Gestein ist durch die aufdringenden Dämpfe stark zersetzt; heisse Wasser quellen in ziemlicher Menge hervor; die Gänge setzen in vulkanischen Tuffen und Sandsteinen auf. Es kann keinem Zweifel unterliegen, dass die Erze durch vulkanische Thätigkeit entstanden sind. Der Moriyoshikessel birgt die bekannten Kupfergruben von Ani, die zu den ältesten und berühmtesten des Landes zählen. Am westlichen Fusse des Vulkanes liegen steilhöckerige Hügelmassen aus vulkanischem Tuff. In diesen Tuffmassen treten mächtige Gänge von Kieselgestein auf, die das Kupfererz in meist sehr unregelmässiger Vertheilung enthalten. Auch der Chokaikessel hat seine Erze. Die durch Rösing's vortreffliche Darstellungen neuerdings bekannt gewordenen Inaisilbergruben liegen im südlichen Theile des Kessels, östlich vom Chokai. Auch hier setzen die Gänge in Tuffen auf. Auch die Arakawa-Kupfergruben (östlich von Akita, also im oberen Theile des Kessels gelegen) verdienen Erwähnung; die Erzlager sind hier ebensowohl wie in vorhergehenden Fällen ganz jugendlicher Entstehung. Was nun zuletzt den Gassankessel betrifft, so fehlen diesem die känozoischen Erzbildungen nicht minder. Ich nenne Ginzan, ein altes Silberbergwerk, das am östlichen Rande des Kessels gelegen und durch heisse Quellen ausgezeichnet ist, weiter die Kupfergruben Sachiu und Nagamats.

Die Zusammensetzung der dem Hauptstamm entwachsenden Aeste betreffend, so bestehen dieselben grossentheils aus alten Gesteinen. Am deutlichsten wird dieser Aufbau in den zwischen dem Iwakikessel und dem Moriyoshikessel gelegenen Bergen. Da finden wir Granit, Diabas und paläozoische Schiefer, und im Bett des Futokawa bei Ikarigaseki, eines kleinen aus vulkanischem Gebirge herabkommenden Flüsschens, findet sich sogar etwas Chloritschiefer. In dem nächsten Gebirgsast (zwischen Moriyoshikessel und Chokaikessel) spielen Granit und Diorit eine sehr wichtige Rolle. Der erste und der zweite Ast zeichnen sich überdiess dort, wo sie auslaufen, durch ein kurzes Umbiegen nach Norden aus. In den Bergen, die den Chokai halten, ist bis jetzt noch kein altes Gestein anstehend beobachtet worden, aber die Gerölle verrathen das Auftreten verschiedener alter Eruptivgesteine sowie alter Schiefer und Sandsteine.

Es kann keinem Zweifel unterliegen, dass die vier grossen kesselförmigen Depressionen von Nordjapan durch Einbrüche entstanden sind. Wir müssen uns bei Betrachtung dieser auffallenden Bildungen unwillkürlich der Einbruchkessel von Chiugoku erinnern. Letztere sind zwar von viel bescheidenerem Umfange aber doch ganz analog in ihrem Auftreten, wie in allen sonstigen Verhältnissen.

Wollen wir den Vergleich zwischen Nordjapan und Südjapan von diesen kesselförmigen Einbrüchen ausgehend weiterführen, so müssen wir die grosse Spalte, auf welcher sich das Meridiangebirge des Nordens aufbaut, als Aequivalent der Spalte bezeichnen über der das vulkanische Kuppengebirge von Kiushiu und die kleinen, alten Vulkane des Binnenmeeres (Gongenshima, Inoyama etc.) emporgewachsen sind. Auch die grosse Narbe der Bruchregion kann als ein Baustück angesehen werden, das der Meridiankette des Nordens analog ist. Sie nimmt zu der Aussenzone dieselbe Stellung ein und ist ja auch im Wesentlichen nichts anderes, als ein langer Zug von Eruptivgesteinen aufgethürmt über einer gewaltigen Spalte. Eine gewisse Uebereinstimmung in der Gesammtanlage der Mittelzone von Südjapan und der Meridiankette des Nordens ist nicht zu verkennen. Nur ist im Norden die vulkanische Thätigkeit eine viel ausgedehntere gewesen als im Süden. Nordjapan ist viel mehr zertrümmert, als die südlichen Theile. Vielleicht aber geht der Süden demselbe Schicksale entgegen; vielleicht bietet der obere Theil von Nordjapan nur ein vorgeschritteneres Stadium der Entwickelung.

Wenn man von Norden her die Reihe der Einsturzkessel durchmustert, und dann nach der südlichen Fortsetzung sucht, so sucht man vergebens. In der Verlängerung der Reihe liegt hohes Gebirge. Es ist oben gezeigt worden, dass das Kitakamibergland gegen das Abukumabergland eine Verschiebung aufweist; es ist gezeigt worden, wie das Meridiangebirge durch den Kessel von Aidzu eine Unterbrechung erleidet und dass sich das hohe Gebirge weiter westlich findet. Müssen wir vielleicht auch westwärts gehen um die Fortsetzung der Reihe der nördlichen Einbruchkessel ausfindig zu machen? In der That bieten die Depressionen, welche zwischen Sado und Niigata und innerhalb des bogenförmigen Astes von Noto liegen, Erscheinungen dar, die nicht wenig an die oben angeführten Merkmale der vier nördlichen Kessel erinnern. Ziemlich dicht an der Ostseite von Sado senkt sich das Meer zu beträchtlicher Tiefe, und wenn dieser Meerestheil trocken gelegt würde, so entstände ein Flusslauf, der von S.O.S. nach W.N.W. ziehend, die Insel Sado in flachem Bogen umgehen müsste. Auf Sado finden sich vulkanische Gesteine in grosser Masse; ob hier ein Vulkan vorhanden, ist noch unbekannt. Jedenfalls werden vulkanische Ergüsse in ähnlicher Weise von einer bogenförmigen Depression umzogen, wie wir es beim Iwakigawa, beim Nojirogawa, Omonogawa und Mogamigawa kennen gelernt haben. Noto trägt verschiedene alte Vulkane und das Eingreifen des japanischen Meeres in die Bucht von Toyama findet in sehr ähnlicher Weise statt wie das Eingreifen des Tieflandes in das Gebirge bei den vier Kesseln des Nordens.

Nach dem Vorstehenden wird es keines weiteren Beweises für das Bestehen einer sehr bedeutenden Verschiebung bedürfen. Der obere Theil von Nordjapan ist gegen den unteren in den Ocean hinausgerückt. Zieht man nun in Erwägung, dass in dem unteren Theile von Nordjapan — wenn wir von dem Abukumabergland absehen — Streichrichtungen herrschen, welche dem grossen Graben der Bruchregion parallel laufen, so erscheint eine sehr stichhaltige Erklärung der Verschiebung geboten. Wir können uns der Auffassung kaum verschliessen, dass die ältere vom Graben der Bruchregion ausgegangene Faltung, die die N.W.-S.O. streichenden Falten erzeugte, einen Schutz gegen die spätere dazu quer gerichtete Zusammenpressung durch quer zu dem Inselbogen wirkende Kräfte gewährte. Weiter oben, wo sich der Einfluss des Bruches nicht mehr geltend gemacht hatte, konnte dagegen die Zusammenpressung, die Stauung ungehindert erfolgen, und durch die Ungleichheit der Bewegungen in beiden Theilen wurden Zerreissung und Verschiebung herbeigeführt.

So klar das Bestehen der eben besprochenen Verschiebung erscheinen mag, so schwer ist es, die Linie aufzufinden, längs welcher die Dislocation erfolgt ist. Wahrscheinlich durchquert sie das Land ziemlich geraden Weges zwischen Sendai und Sado.

Unter all den Vulkanen, die in der Nähe des japanischen Meeres aufsteigen, ist der Chokaisan der anziehendste und interessanteste. Seinen Gipfel bildet ein zertrümmerter Felsobelisk Mitten in einem alten Einsturzkrater, am Fusse mit grossen Schneefeldern umkleidet, ragt das phantastische Gebilde hoch auf. Die rissigen Felsstücke und Blöcke sind kühn übereinandergethürmt und ganz oben reckt sich auf klüftigem Unterbau eine mächtige Platte. Von der Kante dieser Platte aus hat man eine wunderbare Aussicht. Wer bei Sonnenaufgang hier oben steht, der sieht den riesigen dreieckigen Schatten des Vulkans auf der nahen Meeresfläche, er sieht ihn schnell zusammenschrumpfen, so wie die Sonne höher steigt; eine ganze Welt sieht er zu seinen Füssen sich im Sonnenlichte baden. Wenn das zauberhafte Spiel der Farben ermattet und Berg und Thal das Auge bannen, dann haftet der Blick wohl an dem südlich von unserem Standpunkt alles Nachbarland überragenden Gassan. Zu seiner Linken füllen silberglänzende Wolkenmassen das Becken von Yamagata, von ihm ziehen Hügelzüge herunter zum Mogamigawa, den südwestlich vom Chokai das Meer verschlingt. Hinter dem Gassan aber steigt in blauer Ferne ein grosses Gebirge auf, mit hohen schneeigen

Zackengipfeln; es dehnt sich und streckt sich, bis die Wellen seinen Fuss netzen. Dort drängt sich der Zug hoher Gipfel vor, der beim Chikumagawa beginnend herauf nach Norden zieht. Als Anführer des Zuges erscheint der Asahi.

Unterer Theil von Nordjapan.

Es ist ein ausgedehntes Granitgebiet, das südwestlich vom Gassan die grosse vom Asahi gekrönte Masse einnimmt. Zwischen scharfgratigen Rücken thun sich gähnende Abgründe auf. Beim Erklettern der Höhen stürzen einige abgelöste Blöcke mit lautem Gedonner der Tiefe zu; weder Baum noch Strauch kann sie halten, so steilwandig sind die Thäler. Wie die Leute der Gegend erzählen wird der grösste Theil dieses Gebirges erst in den Frühjahrsmonaten gangbar, wenn die Schluchten durch Schneemassen überbrückt sind, und der Schnee hart geworden ist. Dann ziehen die Dörfler auf die Bärenjagd. Am Tage spüren sie dem Wild nach und Nachts schlafen sie in kellerartigen Höhlungen, die sie durch Anmachen eines Feuers (die höchsten Baumwipfel geben das Feuerholz) in den Schnee einschmelzen. Südlich vom Asahi erhebt sich ein anderer Coloss aus Granit: der Idesan. Zwischen Asahi und Ide findet sich eine quergerichtete Einsenkung, aus welcher der Arakawa heraustritt. Sowohl in die Asahi- wie in die Idemasse sind vulkanische Gesteine vielfach eingedrungen. Südlich vom Ide wird das Gebirge aufs Neue von einem grossen Fluss durchschnitten, dem Akagawa. Weiterhin aber finden sich keine derartigen Durchschneidungen mehr: das Gebirge zieht vielmehr ununterbrochen fast bis in die Nähe des grossen Grabens hin. Der gewaltige Rücken trägt eine ganze Reihe grosser Vulkane. Dabei treten aber zwischen den Vulkanen einige alte Baustücke des Gebirges hervor: Granit und paläolithische Massen. Ersterer bildet querziehende zusammenhängende Streifen, denen sich die paläolithischen Gesteine anschliessen. Auch in den Massen des Asaki und des Ide findet dieser Anschluss paläolithischer Gesteine an den Granit statt.

Während sich südöstlich vom Ide ein grosser Einsturzkessel, der bereits erwähnte Kessel von Aidzu findet, verbreitet sich das Gebirge in der mittleren Gegend ganz bedeutend. Die Berge von Nikko, die von der Grenze der Provinzen Iwashiro, Koodzuke und Shimodzuke, sowie die des nördlichen Koodzuke werden hier durch Granitklammern mit der grossen Kette verbunden und verfestigt. Wenig unterhalb der grössten dieser Granitklammern führt die grosse, Tokio und Niigata verbindende Strasse, der Mikunikaido über das Gebirge. Nach dem wohlbekannten Passe, dem Mikunitoge, und weil das Gebirge wesentlich 3 Provinzen (Echigo, Iwashiro,

Kodzuke) angehört, wollen wir das Gebirge **Mikunigebirge** nennen. Es schliesst nach S.W. mit dem eigenthümlichen „**Vulkancircus von Adzuma**" ab. Vulkancircus von Adzuma, so nenne ich den nach Ost offenen Halbkreis der Vulkane Asamayama, Adzumayama Shiranesan, deren Gipfel sämmtlich auf der Grenze des Districtes Adzuma liegen. Ganz auffallend ist in diesem Vulkancircus die ostwestliche Anordnung der Krater oder die ostwestliche Richtung der Hauptachse der Auswurfsmassen. Beim Asama ist diese Richtung auf das allerdeutlichste ausgesprochen, nicht weniger deutlich am Shiranesan und in unverkennbarer Weise bei dem lang von West nach Ost ziehenden vielgipfeligen Harunasan.

Im oberen Theile von Nordjapan begegneten wir 1. solchen Vulkanen, die in grossen Einbruchkesseln gelegen sind (Iwakiyama, Chokai etc.), 2. solchen, welche von dem Rücken der Meridiankette getragen werden (Asakura, Komagadake bei Morioka etc.), 3. solchen, welche an der Aussenseite der Meridiankette liegen (Nanashigure, Ganjiu etc.). Ich halte dafür, dass in dem unteren Theile von Nordjapan die Vulkane oder vulkanischen Massen von Noto und Sado mit der ersten Gruppe, die von dem Rücken der eigentlichen Mikunikette getragenen Vulkane (Asakura, Komagadake, Hakkai etc), mit der zweiten Gruppe und die nach aussen gelegenen Vulkane: Nazu, Takahara, Omanago, Komanaga, Nantai, Shirane, Akagi, Haruna mit der dritten Gruppe zu vergleichen sind. Ist diese Auffassung richtig, so scheint der obere Theil von Japan auch von diesem Gesichtspunkte aus betrachtet eine stärkere Zusammenpressung erfahren zu haben als der untere Theil.

Das alte Bergland von Quanto, dem bereits oben eine kurze Besprechung zu Theil geworden ist, hat sowohl Tertiärablagerungen, wie Jura- und Kreideschichten aufzuweisen. Während die ersteren einen ziemlich grossen Raum einnehmen — sie füllen das Becken von Chichibu — sind die letztgenannten auf enge Thalstreifen beschränkt, die vom Chichibubecken aus nach N.W. ziehen. Das Vorkommen starker Schichtenknickungen und enger Faltungen der mesozoischen Schichten bei Kagahara und von Kagahara her nach dem Becken von Chichibu zu beweist, dass die paläozoischen Massen noch nach der mesozoischen Aera eine intensive Zusammenpressung erfahren haben. Das Becken von Chichibu ist eine Lücke im älteren Gebirge. Schon die Oberflächenform lässt hier die Versenkung auf das deutlichste erkennen. Von einer der in der Umgebung des Beckens gelegenen Höhen sieht man hinab in ein auffallend geradlinig zugeschnittenes Hügelland. Nach West und Nordwest werden die Hügel etwas höher und unregelmässiger, im südöstlichen Theile aber stellen sie glatte Tafeln vor, deren Oberflächen in gleicher Höhe liegen. Unter dem Niveau dieser Tafeln liegt von den Flüssen in terrassenförmige Stücke zergliedertes Flachland. Nach West und Nordwest zu, wo die Hügel höher und weniger regelmässig sind, wird das Fallen der Tertiärschichten steiler; im südwestlichen Theile, wo die Hügeltafeln vorkommen ist es sehr flach. Unten an den Terassenwänden der Flüsse zeigen sich über den abgehobelten Schichtenköpfen des gefalteten Tertiärs diluviale Geröllmassen.

Die Tertiärablagerungen sind durch eine aus N.W. her wirkende Kraft gestaut. Der Streifen krystallinischer Schiefer, den das Bergland von Quanto auf der Seite der Ebene begleitet ist nach O. hin zerbrochen und scheint das abgebrochene Stück in die Lücke von Chichibu von O. oder N.O. her hineingezwängt worden zu sein. Es muss nochmals darauf hingewiesen werden, dass in dem Bergland von Quanto, wie überhaupt fast überall in dem unterem Theile von Nordjapan das alte Gebirge Streichrichtungen aufweist, die dem grossen Graben der Bruchregion genau parallel sind. Diese Thatsache ist von ausserordentlich weittragender Bedeutung. Sie lehrt, dass der grosse Graben von hohem Alter ist, dass die Bildung dieser quergerichteten Spaltung ihren Einfluss nach Norden ausdehnte, nicht nach Süden und dass die Schichtenmassen sich in Folge der Spaltung des Inselbogens zu N.W.—S.O. streichenden Falten gestaut haben. Wenn wir uns erinnern, wie intensiv die Stauungen in dem alten Berglande von Quanto sind, und berücksichtigen, dass -- nach den bis jetzt vorliegenden Beobachtungen — die Faltungen nach Norden zu an Intensität verlieren, so muss es scheinen als ob die Parole, die mit dem Entstehen der Spaltung für die Bewegungen der nördlich liegenden Massen gegeben war, nach Norden hin allmählig ausklang und hier nicht so strenge Befolgung fand als in der Nähe des Grabens. Leider ist das Abukumabergland noch nicht genügend untersucht, um bestimmtere und weitergehende Urtheile als die vorgehenden zu gestatten.

Die Ebene von Quanto ist hauptsächlich von vulkanischen Tuffen, Conglomerat, Geröllen und Sanden ausgekleidet. Das Liegende dieser jüngeren Ablagerungen bilden wahrscheinlich krystallinische Schiefer. Da letztere an drei Punkten der Ebene hervorragen (Tskuba, Uragahalbinsel, Awa), so ist eine derartig zusammengesetzte Grundlage des Tieflandes mit ziemlicher Sicherheit anzunehmen.

Ganz unerwarteter Weise erscheinen an dem östlichen Vorsprung der Ebene gegen den Ocean Klippen vulkanischen Gesteines und einige Aufschlüsse älterer sedimentärer Ablagerungen.

Die krystallinischen Schiefer des Berglandes von Quanto sind durch sehr complicirte Lagerungsverhältnisse ausgezeichnet. Ihre Schichten beschreiben verquetschte Gewölbe. Die Faltungen lassen aber noch erkennen, dass das ursprüngliche Streichen der Krümmung des Inselbogens folgte und dass erst später eine Pressung aus S.W. eintrat. In der Gegend des Tskubasan verlaufen die Falten der krystallinischen Schiefer noch jetzt in sehr regelmässiger Weise mit der Krümmung des Inselbogens. In Hitachi ist das Gleiche der Fall. Demzufolge glaube ich annehmen zu dürfen, dass das unter der Ebene von Quanto gelegene Gebirge seit alter Zeit zum grösseren Theile eine in sich stabile Scholle darstellte, die dem Einflusse der von dem grossen Graben der Bruchregion ausgehenden Kraftäusserungen zu widerstehen vermochte und auch das Abukumabergland gegen eine nach N O. gerichtete Bewegung der Massen schützte.

Was die Faltung aus S.W. betrifft und die Bildung der grossen Spalte, durch welche diese Faltung augenscheinlich bedingt worden ist, so muss es als auffallend bezeichnet werden, dass die Spaltung gerade dort eintrat, wo die Shichitokette an den japanischen Inselbogen herantritt. Der Zusammenhang zwischen den Bewegungen in der Shichitokette und dem Aufreissen der Spalte ist unverkennbar. Nehmen wir nur an, dass vor Entstehung der Spaltung, durch welche die Verschiedenheiten des Baues von Nordjapan und Südjapan veranlasst werden sollten, in der Shichitokette Bewegungen nach O. erfolgten und dass sich diese Bewegungen dem japanesischen Inselbogen mittheilten, so erklären sich die Erscheinungen der Struktur in wunderbar einfacher Weise.

Yesso. Es erübrigt, dem Vorstehenden einige kurze Bemerkungen über Yesso anzuschliessen. Eine geologische Kartenskizze von Yesso hat Lyman im Jahre 1876 veröffentlicht. Diese Kartenskizze zeigt: Jüngeres Alluvium, älteres Alluvium, jüngere vulkanische Gesteine, das Toshibetssystem, ältere vulkanische Gesteine, das Horumuisystem und das Kamoikotansystem. Das letztgenannte System umfasst augenscheinlich Alles, was älter als mesozoisch ist und die vortärtiären Eruptivgesteine dürften gleichfalls das Schicksal erfahren haben, von der „Kamoikotangroup" verschlungen worden zu sein. Wenn der Kartenskizze auch viele Mängel anhaften, wenn es auch in hohem Grade zu bedauern ist, dass besonders über die Verbreitung der krystallinischen Schiefer nicht einmal Andeutungen vorliegen, so wird doch an der Hand der Aufschlüsse, die uns bei Betrachtung des geologischen Aufbaues von Altjapan geworden sind, so Manches verständlich. Durch die

Mitte des Landes zieht von S.O.S. nach N.W.N. ein Streifen alten
Gebirges. Mitten in diesem alten Gebirge ragen drei hohe Gipfel auf:
Tokachidake, Ishkaridake und Jubaridake. Sie sind nach Lyman
alle wahrscheinlich ungefähr 8000′ hoch und „wahrscheinlich" (!)
vulkanisch. Ost und West von dem mittleren Gebirge liegt weniger
hohes Land mit zahlreichen unzweifelhaften Vulkanen und der
südwestliche Theil der Insel zeigt wieder altes Gebirge. Das frag-
mentäre Auftreten der älteren Ablagerungen in diesem Theile, zusammen mit den an der Küste wahrzunehmenden bogenförmigen
Ausschnitten und dem Auftreten vieler Vulkane weist auf kessel-
förmige Einbrüche hin. Was die Stellung der Schichten betrifft,
so sagt Lyman, dass in der Kamoikotangruppe die Achsen der
Falten einen nahezu nordsüdlichen Verlauf aufweisen. In dem
Horonnuisystem laufen die Falten meist in der Richtung N.O—S.W.,
in einigen Gegenden jedoch in der Richtung N.S. und bei Bibai
und Nappaomanai sollen beide Faltungen combinirt auftreten. Die
Toshibetsfalten streichen alle N.S.

Wenn wir Yesso neben Kiushiu stellen in der Weise, dass
das, was bei Jesso W. ist, nach Norden kommt, so lässt sich eine
gewisse Uebereinstimmung nicht verkennen. Die kreisförmige
Vulkan-Bay entspricht dem Shimabaragolf; die grosse Bucht von
Nemuro, in die Kunashiri hineinragt, entspricht dem Golf von
Kagoshima. Beide Inseln werden von einem breiten Streifen alten
Gebirges durchschnitten. Die Anordnung der Vulkane zu beiden
Seiten dieses Streifens scheint manches Analoge zu bieten. Der
Mittelstreifen von Yesso dürfte der Aussenzone von Südjapan entsprechen und wenn es mit der oben vertheidigten Auffassung, dass
das Kitakamibergland gleichfalls als ein Stück Aussenzone zu
betrachten sei, Richtigkeit hat, so ist Yesso als ein weit hinaus-
geschobenes Stück des Inselbogens zu betrachten.

Horizontale Verschiebungen grösseren Betrages fanden wir
in Kiushiu, bei Shima, nahe der Breite von Sendai und in der Tsugarustrasse. Die losgerissenen Stücke des Inselbogens rücken, wie
eine Betrachtung der Verschiebungen zeigt, um so weiter hinaus, je
weiter ab sie von der Bruchregion liegen.

Erdbeben.

Wie bekannt gehört Japan zu denjenigen Ländern, in denen
Erderschütterungen als alltägliche Ereignisse bezeichnet werden
können. Nach Milne darf man annehmen, dass sich im ganzen
Lande pro Jahr etwa 1260 ereignen. Diese gewöhnlichen Erschütterungen sind nun mit wenigen Ausnahmen sehr harmloser Natur;
sie haben keine zerstörende Kraft. In früheren Zeiten aber sind

grosse Theile des Landes von grossen Katastrophen heimgesucht
worden, die viel an Menschenleben und Eigenthum vernichteten.
Für eine Betrachtung des Baues der japanischen Inseln ist es von
grosser Bedeutung, zu untersuchen, wie sich die Erdbeben der Ver-
gangenheit sowohl, wie der Jetztzeit über das ganze Land vertheilen.
Mein Freund Prof. J. Milne hat die besondere Güte gehabt, einer
Einladuung meinerseits, dem geologischen Congress im Zusammenhang mit den auszustellenden Arbeiten der geologischen Aufnahme,
ein Resumée seiner Untersuchungen über japanische Erdbeben
unterbreiten zu wollen, Folge zu leisten. Ich kann also auf die
dem Congress vorliegende Milne'sche Abhandlung, sowie auf die
Karte verweisen. Milne hat sich seit Jahren mit verdienstvollem
Eifer dem speciellen Studium der Erdbeben hingegeben und ist er
bereits jetzt zu höchst interessanten Resultaten geführt worden.

Die Milne'sche Karte zeigt ein Vorherrschen der Erdbeben
längs eines Streifen Landes, der die Ebene von Quanto umfassend
auf der Ostseite des Inselbogens hinaufzieht bis Mustu. Südjapan
und die Innenseite von Nordjapan sind also während der letzten
Jahre von Erdbeben nur wenig betroffen worden.

Unterzieht man die alten Erdbebencataloge einer Prüfung auf
die Vertheilung der Erschütterungen über das ganze Land, so ergibt sich das Maximum der Frequenz für die Bruchregion und
ihre Umgebung; auch zeigt sich, dass auf ganz Nordjapan eine
grosse Anzahl von Erdbeben entfallen, während nur wenige Be-
richte vorliegen, die über grosse Erschütterungen in Südjapan Auskunft geben, die Gegend von Ozaka, Kiyoto und dem Biwasee ausgenommen. Die Nachbarschaft letztgenannter Orte hat im Laufe
der Zeiten eine ganz auffallend grosse Anzahl von Erdbeben durch-
zumachen gehabt, nächstdem die Ebene von Quanto mit den nahe-
gelegenen Provinzen, sowie Echigo und Shinano. In Südjapan
kommen mehr Erdbeben auf Shikoku als auf Chingoku.

Fragt man nun, wie sich die Vertheilung der Erdbeben, sowohl der älteren wie der jetzigen Zeit zu dem Bau des Landes
verhält, so kann von sehr bestimmten Resultaten allerdings nicht
die Rede sein. Die Milne'sche Karte zeigt aber eine Anhäufung
der Erdbeben der letzten Jahre längs eines nicht vulkanischen
Streifen Landes, der die Ebene von Quanto, das Abukumabergland
und das Kitakamibergland umfasst. Die Mehrzahl der neuern Erdbeben haben übrigens ihren Ursprung ausserhalb des festen Landes
am Meeresboden, östlich der Küste. Die Erdbeben der Jetztzeit
sind also meist an die Aussenzone von Nordjapan gebunden
und da diese Zone vulkanischer Erscheinungen entbehrt, so sind
alle derartige Erschütterungen wahrscheinlich auf Dislocationsvor-

gänge zurückzuführen. Das was oben über das grosse Erdbeben von 1854 gesagt wurde, muss in Zusammenhang mit diesem Resultate von grossem Interesse erscheinen; denn auch das 1854er Erdbeben kann sicher nicht als vulkanisches Erdbeben betrachtet werden und hatte seinen Ursprung höchst wahrscheinlich längst einer ausserhalb der Aussenzone gelegenen Linie. Die Karte der historischen Erdbeben gibt wohl ein etwas verworrenes Bild, aber dennoch ist sie dazu angethan, gewisse bedeutungsvolle Fragen zu beleuchten. Gerade der Umstand, dass so viele der grossen historischen Erdbeben auf Nordjapan kommen und dass Südjapan eine um so geringere Anzahl aufzuweisen hat, zwingt zu der Annahme eines vulkanischen Ursprunges vieler der grossen historischen Erdbeben. Es ist in Nordjapan, wo wir die meisten Vulkane treffen, wo noch jetzt in den heissen Quellen, Solfataren u. s. w. sehr zahlreiche Aeusserungen vulkanischer Thätigkeit geboten sind.

Magnetismus.

Unter den verschiedenen Hülfswissenschaften, welche die Geologie zu Rathe zieht, ist wohl bis jetzt keiner eine so stiefmütterliche Behandlung zu Theil geworden, als der Wissenschaft des Erdmagnetismus. Und doch kann es keinem Zweifel unterliegen und ist schon mehrfach darauf hingewiesen worden, dass der geologische Bau einen Einfluss auf die Aeusserung der magnetischen Erdkraft ausübe. Wenn ein solcher Zusammenhang wirklich besteht, so wird man auch zugeben müssen, dass es Aufgabe der Geologie sein sollte, seinen Ursachen nachzuspüren. Der Bau der Gebirge ist zum grossen Theil das Werk innerer Kräfte. Wir versuchen an der Hand der Beobachtung und Reflexion die inneren Verhältnisse grösserer Theile der Erdrinde zu durchschauen und fragen nach den Ursachen, nach den Kräften, welche jene Wirkungen hervorgebracht haben. Warum ergreifen wir die Gelegenheit nicht, mit Hilfe der direct wahrnehmbaren Aeusserungen einer inneren Kraft innere Zustände kennen zu lernen? Sollte das Studium des Erdmagnetismus nicht geeignet erscheinen die Speculationen über den Zustand des Erdinnern in ein sicheres Geleise zu führen?

Eine Zusammenstellung von etwa 200 magnetischen Ortsbestimmungen, die von Sekino während der letzten zwei Jahre des Bestehens der geologischen Aufnahme ausgeführt worden sind, zeigt einen unverkennbaren Zusammenhang mit dem geologischen Bau. Fassen wir die Isogone von 4°30′ W. ins Auge, so ergibt sich für dieselbe in Südjapan ein im Allgemeinen paralleler Verlauf mit der den geologischen Bau beherrschenden Richtung. Auffallend ist es, dass die Curve, nachdem sie die Provinz Mikawa betreten hat, aus der bisher eingehaltenen Richtung heraustritt, um eine Aufwärtsbiegung zu machen, ganz so wie die Schichten des Akaishi-Sphenoids. Dort, wo das Akaishi-Sphenoid plötzlich abschneidet — es ist in der Nähe des Suwasees — biegt unsere Curve fast rechtwinklig um nach O. oder O.S.O., durchschneidet schief einen Theil des Berglandes von Quanto und läuft nun nach N.O.N.; bei dem Kessel von Aidzu beschreibt sie zwei ztarke Wellen und erfährt dann bei Sendai eine sehr auffallende Unterbrechung des regelmässigen Verlaufes.

Noch unregelmässiger erscheint die Isogone von 5⁰ W. Sie erfährt bei Sado eine ganz bedeutende Ausbuchtung. Dass diese Unregelmässigkeit sehr viel zu bedeuten hat, das beweist die isodynamische Linie von 2. 9, die auf der westlichen Seite in entschiedener Weise aufwärts biegt, so dass sie die Insel Sado schneidet. Ueberhaupt macht sich zwischen Sado und Sendai eine Art Bruch der Isogonen bemerkbar, der umsomehr Interesse beansprucht, als er sich ungefähr mit einer geologischen Verschiebungslinie deckt. Zwischen dieser Verschiebungslinie und einer von der Owaribai nach Tsuruga gezogenen Linie scheinen die grössten Unregelmässigkeiten zu bestehen. Wir erinnern uns, dass gerade diese Theile des Inselbogens auch im geologischen Baue eingreifende Abweichungen erkennen liessen.

In Nordjapan wie auch in verschiedenen anderen Theilen des Landes bestehen inselförmige Gebiete, die sich durch besondere Aeusserungen des Magnetismus auszeichnen. Es ist künftiger Forschung vorbehalten, zu zeigen, welche Begrenzung diesen Gebieten zukommt und inwiefern sie geeignet sind, auf gewisse Verhältnisse der Tiefe, die sich direkter Beobachtung entziehen, Hinweise zu bieten. Eine dieser magnetischen Inselchen scheint mir aber doch der Erwähnung werth. Ich hatte früher, ehe Sekino mit seinen Beobachtungen anfangen konnte, beim Studium der Ino'schen Karte und der Verarbeitung meiner topographischen Aufnahmen gefunden, dass Ino den Ganjiusan an eine ganz falsche Stelle gesetzt hat. Ich konnte auf Grund zahlreicher eigener Beobachtungen constatiren, dass der Berggipfel von S.W. aus gesehen viel weiter nach rechts kommen muss als in der Ino'schen Karte angegeben. Daraus schloss ich auf das Bestehen einer ganz abnormen Deklination in der Gegend des Ganjiusan und zur Ino'schen Zeit. Aus den Karten bestimmte ich den Werth der Deklination für Ino's Zeit zu 14⁰ 30′ O. Der Betrag der Abnahme der Deklination seit Ino ergab sich zu nicht weniger als 19⁰! Das für eine Zeit von nur ca. 80 Jahren. Nun hat Sekino gerade in der Nähe des Ganjiusan die grösste Deklination gefunden, die er überhaupt im ganzen Lande beobachtet hat. Bei Shidzakaishi (südlich von Ganjiu) bestimmte Sekino am 1. Sept. 1882 2ʰ 15 Nachm. die Deklination zu 7° 6′ 54″ W. Am darauffolgenden Tage, am 2. Sept. 7ʰ 7ᵐ Vormittags betrug die Deklination am gleichen Punkte 7° 1′ 51″ W. Unter den 200 bis jetzt ausgeführten Ortsbestimmungen sind dies die höchsten bis jetzt ermittelten Werthe. Der nächst höhere Betrag der Deklination ergab sich aus den Beobachtungen zu Mizumoda, Echigo, am Mikunikaido gelegen, zu 6° 1′. Auch diese Deklination weicht sehr erheblich von den für die Umgegenden geltenden Werthen ab. Auf Mizumoda folgt wieder eine Station in der Nähe des Ganjiusan mit 5° 32′, dann Hakodate mit 5° 30′ und sich anschliessend die übrigen Stationen, die wie die beiden zuletzt angeführten keine beträchtlichen Abweichungen zeigen. Die Sekino'schen Beobachtungen bieten also eine Bestätigung des Bestehens einer Abnormität in der Gegend des Ganjiusan.

Die Ino'sche Karte enthält eine sehr grosse Anzahl von Compassmessungen; nicht weniger als 2040 sind darin in Zahlenwerthen sowohl wie durch Richtungslinien niedergelegt. Bei einer früheren Gelegenheit*) habe ich den Versuch gemacht, die Aenderung der Deklination seit der Ino'schen Zeit durch einen Vergleich der Ino'schen mit neueren correspondirenden Messungen festzustellen. Jetzt wo eine grosse Anzahl genauerer Beobachtungen vorliegt, würde die Fortführung der Untersuchung, die ich damals nur für einen Theil des Landes vorzunehmen vermochte, sicher zu höchst interessanten Resultaten führen.

IV. Abschnitt.
Entstehung der Inseln.

Der japanische Inselbogen hat ein hohes Alter. Darüber, dass sich die Grundzüge schon in alter Zeit, sei es gegen das Ende des archaeischen Zeitalters hin oder mit Beginn der palaeozoischen Aera der Erdoberfläche eingruben, kann kein Zweifel bestehen. Die Geschichte der Entstehung ist dementsprechend unendlich viel verwickelter, als sie im Lichte der alten Anschauung, die in dem Inselbogen Nichts sieht als einen grossen Zug vulkanischer Ergüsse, erscheinen muss. Es wird langer Zeit bedürfen, bis die Phasen der Entwickelung ergründet sein werden; jetzt, nach kaum vierjähriger Arbeit, kann es uns nur darauf ankommen, das Bild der Entwickelung nach seinen allgemeinsten Umrissen zu zeichnen.

Schon während des ersten Abschnittes der archaeischen Aera müssen gebirgsbildende Faktoren wirksam gewesen sein. Das

---

*) cf. Naumann, Notes on secular changes of Magnetic declination in Japan. Transactions Seismological Soc. of Japan Vol. V.

beweist besonders die Urgneissmasse nördlich von Nagasaki. Die Lagerungsverhältnisse des Urgneisses, verglichen mit denen später abgelagerter Schichten, berechtigen zu der Annahme, dass im Bereiche des japanesischen Archipels die Bildung von Unebenheiten der Erdoberfläche mit der Entstehung flacher N.S. streichender Urgneisswellen einen Anfang nahm. Da eine Ueberlagerung des Urgneisses durch krystallinischen Schiefer noch nicht beobachtet worden ist, so kann auch nicht angegeben werden, ob die gefalteten Schichtenmassen des Urgneisses eine Abrasion erfuhren, ehe sie von den überlagernden krystallinischen Schiefern bedeckt wurden.

Nachdem dann die Schichtenmassen des Systems der krystallinischen Schiefer abgelagert waren, traten tektonische Vorgänge ein, die den Grund zu dem japanischen Inselbogen legten. So weit zurück datirt die Entstehung des bogenförmigen Verlaufes der Inselkette. Regelmässige aber niedere Faltungen wurden hervorgerufen, die einen von O.O.N. bis N.N.O. gekrümmten Bogen beschrieben. Die Bewegung muss von N.W. her erfolgt sein. Hierbei erfuhren die Urgneisswellen eine Verdrückung ihrer Falten.

Wahrscheinlich erfolgte in Begleitung dieser Faltung Emporsteigen über das Meer und dann wieder Ueberfluthung.

Wir treten nun in ein grosses neues Zeitalter ein, dem die japanischen Gebirge ihren grössten Zuwachs zu verdanken haben. Innerhalb der palaeozoischen Aera schieden sich aus den alten Meeren während eines unzweifelhaft ungeheuer langen Zeitraumes auf archaeischer Grundlage enorme Massen von Sedimenten ab. Wie in dem ersten Abschnitte dieser Abhandlung angegeben, ist es schwer, die Gliederung dieser Sedimentmassen vorzunehmen und kann daher die nachstehend für die palaeozoische Aera gegebene Folge von Vorgängen nur mit Vorbehalt aufgestellt werden.

Die palaeozoische Aera beginnt mit einer Ueberfluthung des bogenförmigen Faltengebirges. Am Grunde des Meeres entstehen mächtige Ablagerungen, die zusammen das älteste System der palaeozoischen Gruppe bilden. Während der Bildung dieser Sedimentmassen ereignen sich Eruptionen von Diabasen. Nachdem der älteste Complex palaeozoischer Ablagerungen das Uebergangsgebirge fertig gebildet vorliegt und die früher gebildeten Gesteinmassen auf diese Weise verhüllt worden sind, tritt ein Ereigniss ein, das fortan von sehr grossem Einfluss auf die Entwickelung des ganzen Gebirges bleiben soll. Auf der südöstlichen Seite von Japan hat die Bildung eines anderen Gebirges begonnen. **Die diese neue Erhebung hervorrufenden Bewegungen treten an den japanischen Bogen heran und zersprengen ihn.** Die Bewegungen in der Shichitokette (so heisst das neu emporwachsende

Gebirge) sind nach O.N.O. oder N.O. gerichtet; sie wirken vermittels des Aufreissens der Spalte auf die dem Berglande von Quanto angehörigen Schichten der Uebergangsgebirge ein und bedingen deren Aufrichtung nach der Streichrichtung N.W.

Die in dem Berglande von Quanto beobachtete abweichende Stellung der älteren Schichten der palaeolithischen Gruppe den jüngeren gegenüber und der Parallelismus ihres Streichens mit der Linie der Aufreissung dürften genügende Veranlassung sein, ein so hohes Alter für den grossen Graben der Bruchregion anzunehmen, wie es eben angegeben worden ist.

Nach Abschluss der eben beschriebenen Vorgänge scheint das japanische Gebirge von neuem über den Meeresspiegel emporgewachsen zu sein, um dann von neuem überfluthet zu werden. Hierauf findet die Bildung der jüngeren Systeme der palaeozoischen Gruppe statt, die sich von dem älteren sehr wesentlich durch das Vorkommen ansehnlicher Kalkbänke unterscheiden. Erst bildet sich ein mächtiger durch Kalklager ausgezeichneter Complex, dann Faltungsvorgänge, Emporwachsen über das Meer, Ueberfluthung mit Abrasion, fortgesetzte Senkung, Ablagerung der Schichten des jüngsten palaeolithischen Systems mit den Radiolarienschiefern und Bergkalken. Die Radiolarienschiefer weisen auf ein sehr tiefes Meer hin (4000—8000 met.). Der Abschluss der jüngsten Periode wird von einer ausgedehnten Hebung begleitet.

Es scheint als ob noch während der Ablagerung der kalkführenden Schichtenmassen der palaeozoischen Gruppe die nach dem offenen Ocean zu gerichteten Bewegungen in der Shichitokette fortgedauert hätten. Die grosse Spalte riss in Folge dieser Einflüsse weiter auf und die Schichten zwischen der Spalte und der jetzigen Sado-Sendai-Verschiebung erlitten eine Pressung aus S.W. Diese Pressung zeigte sich um so wirksamer, je näher die Schichtenmassen der Spalte lagen. In Südjapan dürfte es in dieser Zeit ruhiger zugegangen sein. Auch blieb der obere Theil von Nordjapan von intensiv dislocirenden Vorgängen verschont.

Nun, am Ende der palaeozoischen Aera, erscheint das Grundgerüste des Inselbogens zur Vollendung gediehen, und es schliesst sich an eine lange, lange Zeit verhältnissmässig ruhiger Entwickelung eine Zeit der Katastrophen. Ganz Japan wird von einer Bewegung aus N.W.N. und N.W. ergriffen. Es beginnt eine intensive Stauung der Massen; grosse Längsbrüche entstehen; Granite treten aus den geöffneten Klüften hervor. Aber während diese gewaltigen Erscheinungen stattfinden, dauert die Bewegung in der Shichitokette noch fort.

Die nach aussen drängenden Bewegungen haben begonnen. Da entsteht ein grosser von W.S.W. nach O.N.O. ziehender Sprung, der von der Gegend der jetzigen Krusensternstrasse aus heranreicht bis an den grossen Graben der Bruchregion, dem er in der Gegend des jetzigen Suwasees begegnet. Die auf der Innenseite des Längsbruches liegende Scholle sinkt abwärts. Aber auch längs einer Linie, die etwas weiter südlich liegt als die soeben bezeichnete Dislocation veränderten die Schichten, nach Bildung eines grossen Längsbruches ihre gegenseitige Stellung. Hier sank der äussere Theil gegen den inneren ab, wenn auch nicht so viel als die vorhererwähnte abgesunkene Masse. So entstand denn zwischen zwei abgesunkenen Schollen eine mauerartige Hervorragung, die bei dem spätern Untertauchen unter das Meer abgehobelt wurde. Auch im Norden erlagen die Massen einer derartigen Zerspaltung und theilweisen Absenkung. Das Abukumabergland war wahrscheinlich von den Bewegungen, die von dem grossen Graben der Bruchregion ausgingen, nicht ergriffen worden. Es ist in Folge dessen anzunehmen, dass ungefähr gleichzeitig mit den grossen Zerspaltungen in Südjapan die Kitakami-Abukuma-Spalte gebildet wurde und dürfte man sich besonders das nördliche Stück der Hauptinsel ursprünglich ganz ebenso gebaut — wie Südjapan — und als ebendenselben Umwandlungsvorgängen unterworfen, dem Südjapan ausgesetzt war, vorzustellen haben. Durch die beschriebenen Spaltungen und Absenkungen war der Anlass zu der zonaren Anordnung in dem grösseren Theile des Inselbogens gegeben.

Die Lagerungsverhältnisse der mesozoischen Schichten weisen darauf hin, dass die Hauptfaltungen in dem älteren Gebirge vor Ablagerung der triadischen *Monotis*-Schichten Statt gefunden haben. Es dürfte demnach vor dem letzten Theile der Triasperiode geschehen sein, dass der grösste Theil von Südjapan gegen den Ocean hinausrückte, wobei die an den grossen Graben der Bruchregion heranreichenden Theile der Falten eine Zusammendrängung erfuhren. Der untere Theil des Grabens stellte der Bewegung ein Hemmniss entgegen; hier wurden die Falten zurückgehalten, hier stauten sich die Schichten zu der hochansteigenden Masse des Akaishi-Sphenoids.

Auch die Hauptgraniteruptionen dürften sämmtlich vor Ablagerung der *Monotis*-Schichten erfolgt sein. Die Granite der grossen Narbe sind höchst wahrscheinlich erst nach dem Hinausrücken von Südjapan emporgedrungen.

Auf eine durch intensive Faltungsvorgänge und durch grossartige Eruptionen ausgezeichnete Periode folgte ein langes Zeitalter verhältnissmässiger Ruhe. Der Inselgürtel versank von neuem in den Schoss der Fluthen, aber nicht so tief wie ehemals, so dass die höheren Theile noch über das Meeresniveau hervorragen konnten. Es gab nur seichte Meere im Archipel von Altjapan zur

Trias-, Jura- und Kreidezeit. Die gebirgsbildenden Kräfte äusserten sich während dieses Zeitalters in Form ruhiger Oscillationen.

Mit Ende der Kreidezeit trat wieder ein ausgedehntes Emporsteigen ein, und die mesozoischen Schichten erlagen einer Zusammenpressung. Der erste Theil der Tertiärzeit dürfte eine Festlandsperiode bezeichnen. Gegen Schluss der Kreidezeit oder im Anfange der Tertiärzeit sind ausgedehnte Dioriteruptionen erfolgt. Gegen die Miocänzeit hin folgt wieder ein Tiefersinken und an diese Senkung des Landes schliesst sich eine Reihe leichter Oscillationen. Auch während der Tertiärzeit sind es in den jetzt von den Inseln eingenommenen Theilen nur seichte Meere, die höher aufragende Theile umgürten. Eine bedeutendere Schwankung ereignet sich am Schlusse der Miocänzeit. Da finden erst Faltungen Statt, dann muss sich der niedere Theil des Landes von Neuem dem Meere ergeben und im Zusammenhang mit der letzten grossen Niveauschwankung wird die vulkanische Thätigkeit eröffnet. Viele Thatsachen sprechen dafür, dass die vorliegenden vulkanischen Bildungen zum grössten Theil wenigstens nicht früher entstanden sind als in pliocäner Zeit. Während der späteren Tertiärzeit beherrschen Faltungen aus N.W. den ganzen Archipel und diese Faltungsvorgänge, obgleich Unterbrechungen statt gefunden haben, scheinen noch jetzt fortzudauern.

In einer früheren Arbeit (Ueber die Ebene von Yedo, s. Petermanns Mittheilungen 1879 pag. 121 ff. u. Tafel 7.) habe ich nachgewiesen, dass noch vor 1000 Jahren grosse Theile von Tôkiô unter Wasser standen und dass während der letzten Jahrtausende noch viel bedeutendere Strecken Land geworden sein müssen, die vorher unter dem Meeresspiegel lagen. Vor einiger Zeit hat sich Herr Jamada auf meinen Rath hin einer dankenswerthen Arbeit unterzogen. Er hat in einer grossen Karte von Japan alle diejenigen Ortsnamen markirt, die eins von den Wörtern Minato (Hafen), Hama (Ufer), Ura (Bucht) enthalten. Hierbei ergab sich nun, dass all diese Ortschaften alte Uferlinien bezeichnen, die hie und da ziemlich tief in das Land eingreifen. In der Ebene von Quanto z. B. laufen die alten Uferlinien so, dass sie eine zwischen Kadzusa und Awa und der Hauptinsel durchziehende Meeresstrasse begrenzen. Es wird hierdurch der Beweis geliefert, dass die negative Verschiebung der Strandlinie während der letzten Jahrtausende eine sehr beträchtliche gewesen sein muss.

Blicken wir jetzt noch einmal zurück auf die lange Kette von Erscheinungen, welche die Entstehung der japanischen Inseln bedingten, so zeigt sich, dass die Falten bildenden Bewegungen dreimal mit grosser Intensität eintraten. Zuerst geschah diess nach

Bildung der Schichten des Systems der krystallinischen Schiefer, ein zweites Mal mit Abschluss der palaeozoischen Aera und ein drittes Mal in der Tertiärzeit. In den beiden letzten Fällen ging der Faltung jedesmal ein Zeitalter der Ruhe voraus und jedesmal ereigneten sich nach den Hauptfaltungsvorgängen oder wenigstens lange Zeit nach Beginn der Faltungen ausgedehnte vulkanische Ergüsse. Während aber den älteren Eruptionen die Bildung grosser Längsbrüche vorausging, sind die späteren vulkanischen Ergüsse durch unregelmässig begrenzte Einbrüche, durch Abbrüche, Zerstückelungen u. s. w. vorbereitet und begleitet worden. So sehen wir denn auch die Granite in Form grosser, langgestreckter Massenausbrüche auftreten, während die Eruptionen der Känazoischen Aera ein Hervorquellen der heissflüssigen Massen an einer Anzahl durch breite Lücken von einander getrennter Punkte zeigen. Die jüngst statt gehabten, wahrscheinlich noch nicht abgeschlossenen Vorgänge zielen mehr auf eine Zerstörung als auf eine Verfertigung des ganzen Baues hinaus.

Druckfehler.

Seite 14 Zeile 6, statt Cenosphara lies Cenosphära.
„ Zeile 17, statt Manusk lies Manuscript.
15: Zu ergänzen die dritte Stelle der Formel mit: MnO.

—

Druck von Otto Dornblüth in Bernburg.

www.ingramcontent.com/pod-product-compliance
Lightning Source LLC
Chambersburg PA
CBHW031446210526
45464CB00005B/2346